無煙少油
輕食料理

簡約/開放式廚房
必備食譜

薩巴蒂娜 主編

自在無煙輕食夢

　　讀紅樓夢，讀到賈母看到丫鬟端上來的油炸小餃子，老太太抱怨了一句：「這會子油膩膩的，誰吃這個？」着實忍不住合卷而笑。原來古人也跟我們現代人的需求一樣，肚子裏不缺油水了，雖然食不厭精，但也要食得清淡。

　　我對家裏的空氣清潔程度要求非常高，所以雖然愛吃各種快炒，但一定要有功率很大的油煙機和一口特別優質的不黏鍋。

　　如果你有一口好的不黏鍋，那麼只需要一滴油，就可以煎一個荷包蛋，只需要一小茶匙的油，就可以炒一個肉菜。無論是廚房新手還是老手，你都需要一口好鍋，能幫你大大減少烹飪的難度和時間，也能減少油脂的攝取。

　　如果實在嘴饞炸物，我會選擇烤箱。最近特別喜歡用烤箱烤花生米，以前做油炸花生米，需要時刻在鍋邊攪拌花生。而選用烤箱的話，180℃上下火10分鐘，輕輕鬆鬆，就能做好一盤香脆的花生米，完全不用一滴油。雞翼也適合烤，塗上醬汁烤好之後，雞皮下的油都可以烤出來，然後只需要刷着手機等待了，空氣裏只有食物的香氣，完全沒有油煙氣。

　　除了好的工具，也需要選擇好的食材，比如用雞腿肉替代別的肉類，一點點油就可以炒得很滑嫩，不需要提前醃製，炒幾下就很好吃了，而且雞腿肉含的脂肪少，蛋白質含量又很高，也是頗適合新手的好食材。

　　我知道你需要的是不油膩，但是一定要好吃，希望這本書，能給你的下廚生活帶來清爽便利。

高欣茹

計量單位對照表
1茶匙固體材料=5克
1湯匙固體材料=15克
1茶匙液體材料=5毫升
1湯匙液體材料=15毫升

第一章
少油派

豆腐冬瓜雞肉丸
022

香煎牛排
024

嫩牛五方
026

家常牛肉餅
028

粟米牛肉鐵板飯
030

菠蘿海鮮飯
032

魚肉花生糙米飯
034

芫茜巴沙魚鍋貼
036

豆渣煎吞拿魚
038

香煎青檸三文魚
040

抱蛋煎餃
042

抹茶水果薄餅
044

第二章
無油派

第三章
無煙少煙派

第四章

無鹽少鹽　無糖低糖派

索引

湯粥

飲品、甜品、小食

初步瞭解全書

營養貼士讓你吃出健康

看着名字就流口水

時間、難易度清楚明瞭

品嘗佳餚也是很有情懷的

無煙少油，輕食料理
22

一口一個吃個痛快

豆腐冬瓜雞肉丸

40分鐘
簡單

少油方案
減油低脂食材
借助吸油工具

營養貼士

冬瓜零脂肪，高膳食纖維，能防止體內脂肪堆積，是較好的減肥蔬菜之一。豆腐中含不飽和脂肪酸且不含膽固醇，能為人體提供充足的營養。

主料

雞胸肉…250克　冬瓜…150克
豆腐…150克

輔料

生抽…1湯匙　薄荷葉…若干　香葱…3棵
料酒…1湯匙　澱粉…1湯匙　薑…2克
胡椒粉…2克　橄欖油…少許　鹽…適量

做法

1 雞胸肉洗淨，切小塊；豆腐切小塊；冬瓜洗淨，去皮，去瓤，切小塊。
2 香葱去根，洗淨，切段；薑去皮，拍扁；薄荷葉洗淨，瀝乾水分待用。
3 將除薄荷葉、橄欖油以外的食材一同放入破壁機中，攪打成肉泥，盛入容器中備用。
4 電餅鐺預熱，刷一層橄欖油，用左手虎口處將肉泥逐一擠成肉丸，放在電餅鐺下層。
5 用小火力慢煎至肉丸呈金黃色，用筷子夾出後，用吸油紙包裹豆腐冬瓜雞肉丸吸取表層油分。
6 在盤中鋪好薄荷葉，每張薄荷葉上面放一顆豆腐冬瓜雞肉丸，一同食用即可。

烹飪竅門

1 電餅鐺刷薄油煎代替油炸，不僅防黏，減少用油量，還能令肉丸色澤誘人。
2 低脂雞胸肉與蔬菜和豆製品搭配，煎後用吸油紙吸油來減少油量的攝入。
3 薄荷葉同肉丸一起食用也可以解油解膩。

特色

鮮美低脂的雞胸肉、瘦身纖體的冬瓜、清嫩軟滑的豆腐，三者合理搭配，再加上薄荷葉一同入口，使營養、口感各方面相得益彰，改變傳統的油炸方式，同時減少油量的攝入，好吃不膩！

第一章 少油派
23

詳盡直觀的操作步驟讓你簡單上手

烹飪竅門，讓你與美味不再失之交臂

需要用到的食材一目瞭然，要打有準備的仗

目錄＋索引，為你貼心指南，
確保菜譜的可操作性。

本書的每一道菜都經過我們試做、試吃，並且是現場烹飪後直接拍攝的。

本書每道食譜都有步驟圖、烹飪竅門、烹飪難度和烹飪時間的指引，確保您照着圖書一步步操作便可以做出好吃的菜餚。但是具體用量和火候的把握也需要您經驗的累積。

常見 減油廚具

電烤箱（焗爐）

利用紅外線加熱，使食物受熱均衡。在烤製肉類時，可以鎖住水分，保持香嫩，並釋出多餘油脂，減少用油。還能利用食材中的水分烤製，即使烤蔬菜也不會焦，又能保持食物中的營養成分。

空氣炸鍋

空間小，熱空氣循環快，烹飪出來的口感介於烤製和油炸之間，不需要油也能快速烹飪，鎖住食物本身的水分和營養，再次複熱時也不會乾，口感如同剛炸的一般，而且省時省電。

微波爐

食物在微波爐中吸收微波能量而自身加熱。微波有一定的穿透力，能快速烹飪食物，利用食物中本身的水分和油脂烹飪出低熱量的健康食品。微波爐烹飪時應儘量減少用鹽量，可避免食物外熟內生，同時減少油量和鹽分的攝入。

蒸鍋

加入清水燒開，把食物放在蒸屜上，利用水蒸氣逐漸加熱菜品，做出來的菜品新鮮可口、原汁原味，比較清淡，油脂含量少，吃得健康。

壓力鍋（壓力煲）

在高壓下使水達到高溫而不沸騰，提高燉煮食物的效率。密封性好，水分保持好，營養流失少，讓食物儘快壓到軟爛狀態，特別適合燉、煮的烹飪方式，因其局限性的烹飪方式可以減少油量的攝入。

電餅鐺

上下兩面同時加熱，達到烹熟食物的目的，受熱均勻、自動控溫，無油煙，可同時滿足煎、烤、烙的製作需要，烹飪時僅刷薄薄一層油即可，根據製作食物的不同也可以免油。其獨特結構的導油槽能將溢出的油脂和水分導出或重新導回鐺底，減少油量的使用。

電飯煲

是將電能轉變成熱能的炊具，有蒸、煮、燉、煨多種操作功能，大部分是少油的烹飪方式，內膽加塗了不黏材質，不易糊飯和黏鍋，能有效保存食物中的水分和營養。

電磁爐

加熱速度快，大大節約烹調時間，集「炒、蒸、煮、燉、涮」於一體，能完成絕大多數烹飪任務，可精確控制溫度，達到無煙烹飪，還可以滿足少油的烹飪方式。

不黏鍋（易潔鑊）

採用不黏塗層，可輕鬆煎、炒食物，不黏底，能最大限度地減少用油，幫助減少脂肪的攝入量，順應了現代人追求低脂肪、低熱量的飲食潮流。

砂鍋

砂鍋能均衡持久地把外界熱能傳遞給內部原料，有利於水分子與食物的相互滲透，能最大限度地釋放食物味道，一般用來煲湯、煮菜，且煲煮方式用油少。

無煙鍋

選擇鍋底相對厚一些的，受熱均勻，升溫速度慢，可以根據鍋底顏色的變化來判斷油溫，準確掌握在油煙產生前將食材下鍋，雖然不能完全做到無煙，但能夠很好地控制油溫，減慢油煙產生的速度，在烹飪鍋具上儘量杜絕油煙的產生。

破壁機

集合了榨汁機、豆漿機、料理機、研磨機於一體的多功能機器，能粉碎食物細胞壁、加熱至熟，可以葷素搭配，讓食材營養充分釋放，真正實現無油料理，是現在健康飲食的首選烹飪機器。

豆漿機

能完成豆漿、果蔬汁、濃湯、米糊、豆腐腦等多種功能，可將多種食物混合，烹飪過程自動一體化，避免了油煙和繁瑣的烹飪過程，減少用油，直接將食物研磨煮熟，大大提高了食物的營養質量。

養生壺

類似於電熱壺，壺體採用高硼矽玻璃，穩定性強，功能齊全，使用起來方便，可以煮茶、煮湯、吃火鍋等，日常可以在辦公桌放一台，煮點下午茶是不錯的選擇啊！

瀝油架

食物過油後撈出，放在瀝油架上讓油滴下來，可以控掉部分油脂。

細嘴刻度油壺

細嘴的油壺可以控制油的流速，避免倒多油，帶刻度的油壺能更直觀地看到油量使用情況，控制用油量。

吸油紙

耐高溫、乾淨衛生，輕輕一貼，可以吸走食物表層多餘油脂和雜質，減少油脂，健康生活。

油刷

安全衛生，可將油均勻地刷在鍋底或者食物上，能有效控制用油量。

噴霧食用油

一噴出油，噴射均勻，比油刷能更好地控制油量，省時省力，還有細節提示噴多久等於多少油量。

如何正確選油，
健康用油，
合理少油去油

正確選油

《中國居民膳食指南》推薦，成年人油的攝入量為25~30克/天。食用油的攝入關係到身體的健康，在選食用油時要注意以下3個標準：

1 儘量選多不飽和脂肪酸油類
不飽和脂肪酸能防止膽固醇沉積，降脂、降壓。
多不飽和脂肪酸油類有：橄欖油、菜籽油、山茶油、核桃油、杏仁油、大豆油、花生油、粟米油、棉籽油、芝麻油、葵花籽油、亞麻子油等。

2 有品質保障的食用油
挑選有質量安全標誌，符合國家規定安全生產，非轉基因的油類。

3 觀察油的顏色及透明度
高品質的油應清澈透明、無沉澱、無分層，黏度較小，一級油要比二級油、三級油、四級油顏色淺。

健康用油

選對食用油是健康用油的開始，此外在烹飪過程中正確控制油溫也是非常重要的，不同的烹飪方式對油溫的要求也會不同，但要控制煙點，避免油溫過高冒煙產生有害物質。低溫烹調有利於健康，也可以減少油量的攝入，低油溫控制在90~120℃為宜。為避免油量攝入過多，可用細嘴帶刻度的油壺來控制每天用油量。

根據每個家庭的飲食習慣，要時常更換一下食用油種類，比如：常食肉類的人群，已經從膳食中得到了較多的飽和脂肪酸，可以適當調換大豆油、粟米油等含不飽和脂肪酸的油；攝入肉類較少的人群，可以適當用動物油來烹飪；純食素人群，飽和脂肪酸攝入太少也不利於健康，可以選擇單不飽和脂肪酸的油類或者含適量飽和脂肪酸的油等。

科學少油去油

1 利用低油無油烹飪工具
當下多功能一體化的養生烹飪用具不斷面市，利用這些工具可減少用油量，例如：電烤箱、電鍋、微波爐、空氣炸鍋等，都可以減少油量攝入。

2 多用少油料理方式
儘量減少油炸或油煎，改用蒸、燉、煮、拌、烤等方式，若非煎不可，也儘量少油以接近乾煎的方式或改用水煎。在烹飪時要少放油，可借用腐乳汁、高湯、檸檬汁等比較濃郁的作料起鍋烹飪。有些食材在烹飪時會析出湯汁，將湯汁反復澆在主料上，不僅可以入味，還可減少用油量。

3 刷油代替倒油
以往都是用倒油的方式來烹飪，會不小心倒多，現在可以用油刷均勻刷在鍋面上。

4 利用食物本身的油脂
很多肉類本身含有脂肪，例如雞肉、五花肉等，在烹飪這些肉類時可以不放油或者少放。

5 去除食物多餘油脂
肉類表層的皮含有大量油脂，比如雞肉，可以先去掉肉與表皮之間的油脂再進行烹飪，能減少油脂的攝入量。

6 用無油少油食材代替肉類，食材搭配上菜多肉少
日常飲食中為增加食欲，很多人喜歡添加肉類來提味，無形中又增加了油脂的攝入。可

將肉類換成豆腐、菌菇等。整桌的菜品不可能全素，那麼在烹飪肉類時可以多加入一些素菜，或者用少油食材代替，比如做丸子時，可以放筍丁、燕麥、藕丁、冬瓜等，將原本的五花肉換成豬頸肉、雞肉、魚肉等，不但減少肉類的用量，油脂也相對減少。

7 清新調味料代替含油調味料
沙律、涼拌是最好的少油烹飪方式，但如果加入了沙律醬、千島醬、沙茶醬等含大量油脂的調味料則會適得其反，可以換成比較清淡的檸檬汁、醬油汁、自製果醬、自製無油料汁等。

8 用焯水代替過油

原本應該過油的料理方式改成焯水，焯水後食材表面有層水，可以隔絕油的滲入。

9 煸出肉類油脂

對於一些油脂較高、肥瘦相間的肉類，例如五花肉、肥牛、雞皮等，可以不放油，先下鍋煸炒，析出油脂後再進行烹飪。

10 吸油的菜提前處理再烹飪

吸油的菜可以先蒸、焯、乾煸，去除水分，這樣可以減少吸油量，比如茄子這類吸油的菜可以提前蒸一下，或者直接放平底鍋內乾煸一下，也可以放在微波爐裏轉一下，待變軟後再進行料理。

11 煲湯時撇油

煲肉類湯時，表層會有浮油，喝之前可以先將油撇淨，既減少油脂攝入，湯色也會更清。

12 借助去油控油工具或者方法

和吸油較少的蔬菜一起烹飪時，做好的菜品可以先用吸油紙吸油或者傾斜鍋具控油後再裝盤；經過油炸的食物放在瀝油架上瀝油。也可以借助冷凍去油法，比如燉好的一鍋紅燒肉，待自然晾涼後放入冰箱冷藏至油脂凝固，取出後將上面的白油撇去即可。

日常烹飪
如何減少油煙、
少鹽、低糖

談起健康飲食首要就是清淡，除了日常烹飪中無油、少油外，還要無煙少煙、少鹽、低糖。若不注重煙、鹽、糖，也會對人體健康造成威脅。

減少油煙

1 用新油烹飪
儘量不要用煎過、炸過的油進行二次煎、炸、炒，二次油可以用作煮湯、拌菜等。
使用過一次的油混有雜質，煙點下降，會產生對人體有害的物質。

2 在油煙產生之前放食材
烹飪時，在油煙沒有明顯產生時把食材放入鍋內，可以迅速降油溫，避免油溫過高而出煙。

3 注重厚底無煙鍋的使用頻率
這種烹飪鍋具可以最大限度地減少油煙的產生量，或者用厚一點的炒菜鍋。厚底鍋可以延長溫度上升的時間，減少油煙。

4 提前開啟油煙機
在烹飪之前開啟油煙機，可以吸走烹飪時產生的油煙。

5 儘量選擇油煙較少的食用油
例如葵花籽油烹飪時產生油煙較少，選擇正規渠道購買，保證質量。

6 減少用油量
每天使用的油量最好控制在一定的數值內，不僅可以減少油量，還能無菸少煙。

少鹽

1 利用蔬菜本身的味道
蔬菜本身的味道很清香，能夠刺激味蕾、增進食欲，例如番茄、菌菇等，即使少鹽也不會影響口感。

2 出鍋前放鹽
出鍋前將鹽撒在食物表面，這樣鹽不用滲入內部就能感覺到明顯的味道，可以減少鹽的用量。

3 適量用醬

醬香濃郁，本身也有鹹味，烹飪時可以增加色澤、增進食欲，還能少放鹽或者不放鹽。

4 適量添加刺激味蕾的調味品

在烹飪時可以根據菜品適當添加檸檬汁、醋、番茄等調味，既可以減少鹽的用量，又能讓味道更好。

5 用鹹味的食材來提鮮

做湯可不放油、鹽，適量加一些蝦皮、紫菜、雪菜、鹹菜等來提鮮，像雪菜、鹹菜等要提前浸泡去除大部分鹽分。

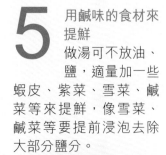

6 辣補鹽味

鹹不夠辣來湊，辣能明顯刺激味覺，增進食欲，可以減少鹽的使用量。

低糖

1 利用食材本身的甜味，減少調料用糖

烹飪時可以多搭配一些本身帶有甜味的食材，例如蒸飯時加入一些南瓜、燕麥等，利用食物本身的糖分來增強甜度，減少調料用糖。

2 借調味品提味

能不加糖就不加糖，必須加糖時可以少放，或者用蜂蜜等甜的調味品來代替。儘量常用鹽、胡椒、醬油等無糖或低糖調味品。

3 使用定量

《中國居民膳食指南》建議要控制糖分攝入，每月攝入糖分不超過50克，最好控制在25克以內，可以利用量具來控制每天食用的糖量，逐漸減少糖分攝入。

第一章

少油派

一口一個吃個痛快

豆腐冬瓜雞肉丸

 40分鐘　簡單

少油方案
減油低脂食材
借助吸油工具

營養貼士

冬瓜零脂肪、高膳食纖維，能防止體內脂肪堆積，是較好的減肥蔬菜之一。豆腐中含不飽和脂肪酸且不含膽固醇，能為人體提供充足的營養。

主料

雞胸肉…250克　　　　冬瓜…150克
豆腐…150克

輔料

生抽…1湯匙　　薄荷葉…若干　　香葱…3棵
料酒…1湯匙　　澱粉…1湯匙　　薑…2克
胡椒粉…2克　　橄欖油…少許　　鹽…適量

做法

1. 雞胸肉洗淨，切小塊；豆腐切小塊；冬瓜洗淨、去皮、去瓤，切小塊。
2. 香葱去根、洗淨，切段；薑去皮、拍扁；薄荷葉洗淨，瀝乾水分待用。
3. 將除薄荷葉、橄欖油以外的食材一同放入破壁機中，攪打成肉泥，盛入容器中備用。
4. 電餅鐺預熱，刷一層橄欖油，用左手虎口處將肉泥逐一擠成肉丸，放在電餅鐺下層。
5. 用小火力慢煎至肉丸呈金黃色，用筷子夾出後，用吸油紙包裹豆腐冬瓜雞肉丸吸取表層油分。
6. 在盤中鋪好薄荷葉，每張薄荷葉上面放一顆豆腐冬瓜雞肉丸，一同食用即可。

烹飪竅門

1. 電餅鐺刷薄油煎代替油炸，不僅防黏、減少用油量，還能令肉丸色澤誘人。
2. 低脂雞胸肉與蔬菜和豆製品搭配，煎後用吸油紙吸油來減少油量的攝入。
3. 薄荷葉同肉丸一起食用也可以解油解膩。

特色

鮮美低脂的雞胸肉、瘦身
纖體的冬瓜、清嫩軟滑的
豆腐，三者合理搭配，再
加上薄荷葉一同入口，使
營養、口感各方面相得益
彰，改變傳統的油炸方式，
同時減少油量的攝入，好
吃不膩！

每一口都妙不可言
香煎牛排

🕐 40分鐘
🔔 簡單

少油方案
少油烹飪工具
減油低脂食材

營養貼士

西蘭花屬高纖維蔬菜，能抑制人體對脂肪的吸收。紫洋蔥富含抗氧化成分且營養全面，被譽為「蔬菜皇后」。二者與牛肉一同食用，為身體提供更多的營養和能量。

主料

牛排…300克

輔料

紫洋蔥…50克　　　現磨黑胡椒粉…2克
西蘭花…80克　　　海鹽…適量
百里香…5根　　　　牛油…5克

做法

1. 用廚房紙吸乾牛排表層水分，在牛排兩面均勻撒上海鹽和現磨黑胡椒粉，醃製20分鐘。
2. 百里香洗淨，瀝乾水分；洋蔥去皮、切絲。
3. 西蘭花洗淨，切小朵，放入開水中焯燙2分鐘，撈出備用。
4. 電餅鐺加熱，塗抹上牛油，待油溫熱後放入牛排，同時放入百里香、紫洋蔥絲和西蘭花。
5. 牛排單面煎2分鐘後翻面，再煎2分鐘。
6. 牛排煎好後和百里香先盛出，再向電餅鐺中剩餘食材撒少許海鹽調味，即可盛出。

🍲 烹飪竅門

1. 煎牛排時不斷翻拌洋蔥絲和西蘭花以吸取牛排煎出的油汁。
2. 若是冷凍牛排，要解凍後放至室溫再烹飪，否則會外糊內生。
3. 牛排煎出的油汁和蔬菜汁可以反復淋到牛排上，以便更好入味，同時可以減少用油量。
4. 要用高溫煎牛排，外香裏嫩。

特色

看到牛排兩個字就忍不住
要流口水。牛排在煎的過
程中，「呲呲啦啦」的聲
音很動聽，還有蔬菜焦香
的味道，誘人食欲。節日
時在家裏搞搞氣氛或者宴
請賓客，倍兒有面子！

回味經典，緩解饞意

嫩牛五方

⏰ 1小時20分鐘
🍽 中級

少油方案
刷油代替倒油
使用少油調料

主料

牛裏脊…250克　　　　　　麵粉…150克

輔料

生菜葉…4片	辣椒粉…5克	黑胡椒粉…2克
番茄…1個	生抽…2湯匙	甜麵醬…2湯匙
酵母粉…1/2茶匙	料酒…1湯匙	白糖…2克
橄欖油…少許	蠔油…1湯匙	鹽…適量

做法

1. 麵粉中加入酵母粉，倒入適量溫水和成光滑的麵糰，包上保鮮膜，靜置發酵至2倍大。
2. 牛裏脊洗淨，切成粗條，加入辣椒粉、生抽、料酒、蠔油、黑胡椒粉、白糖、適量鹽醃製20分鐘。
3. 生菜葉洗淨，瀝乾水分；番茄洗淨，切成厚約5毫米的番茄片。
4. 麵糰撕掉保鮮膜，切成4個等量的小劑子，將每個小劑子擀成厚約1毫米的圓形麵餅。
5. 不黏鍋中不放油，依次放入麵餅，小火烘至兩面變熟，盛出備用。
6. 電餅鐺加熱，底層刷薄薄一層橄欖油，將醃好的牛裏脊條依次擺在電餅鐺中，煎2分鐘。
7. 麵餅上刷一層甜麵醬，將煎好的牛裏脊條、生菜葉、番茄片分成四等份，分別疊加鋪在麵餅上。
8. 將薄麵餅空餘的部分均勻往裏折，折出五個角固定即可。

特色

味道鮮美，甜中帶辣，這道美食總是耐人尋味，想吃的時候不用再出去買啦！現在為你準備好解決的辦法了，而且是少油的健康做法，想吃了就做起來！

烹飪竅門

1 要用高溫迅速煎牛裏脊，外焦裏嫩口感最好，因用油比較少，其間要不斷翻面。

2 用甜麵醬代替油脂較多的沙律醬、蛋黃醬等。

念念不忘的味道

家常牛肉餅

⏰ 1小時20分鐘
🍽 高級

少油方案
菜多肉少
刷油代替倒油

主料

牛肉碎…200克 　　　麵粉…200克

輔料

香葱…120克　　五香粉…2克　　薑…3克
蓮藕…80克　　　料酒…1湯匙　　鹽…適量
雞蛋…1個　　　　澱粉…3克
生抽…1湯匙　　　橄欖油…少許

營養貼士

香葱含有維他命及多種礦物質，可減少體內低密度膽固醇的堆積。蓮藕富含膳食纖維，低熱量，有助於控制體重，降低血糖，與牛肉混合做餡料，可令人體攝入多種營養成分，還能減少對油脂的吸收。

做法

1 向麵粉中加入適量清水，揉成光滑的麵糰，裹上保鮮膜，靜置30分鐘。

2 香葱去根、洗淨，切碎；藕洗淨、去皮，切碎；薑去皮、切末。

3 雞蛋磕入牛肉碎中，加入生抽、五香粉、料酒、澱粉、薑末，順時針攪拌上勁。

4 再將香葱碎、藕碎加入牛肉碎中，放入適量鹽調味，攪拌均勻。

5 麵糰去掉保鮮膜，在案板上分成四份等量麵劑子，分別擀成厚約2毫米的圓形餅皮。

6 以餅皮的正中心為起點，用刀垂直向下切一刀，將拌好的牛肉餡鋪在餅皮上，並在切口右側下方留出1/4空白處。

7 將1/4處空白餅皮向上折一次，再向左折一次，然後向下折一次，最後將餅皮的邊緣捏緊。

8 電餅鐺加熱，刷薄薄一層橄欖油，放入牛肉餅，蓋好上層電餅鐺蓋，烘至熟即可。

特色

拌餡料的配菜和調味品很重要，麵餅皮層數越多越好，但不要太多的油。剛出鍋酥脆噴香，鮮嫩多汁，總也吃不夠。

烹飪竅門

1 鋪牛肉餡時，餅皮邊緣要留出8毫米的空白處以便封口。

2 餡料中加入香蔥和蓮藕，便於吸取牛肉中的油脂，減少油量攝入。

香飄千萬里
粟米牛肉鐵板飯

🕐 35分鐘
🍽 簡單

少油方案
減油低脂食材

營養貼士

粟米中的膳食纖維能加速體內垃圾的排出，降低膽固醇，抑制脂肪吸收。紅蘿蔔中的胡蘿蔔素有助於增強身體的免疫力。

主料

米飯…200克
肥牛片…150克

輔料

熟粟米粒…30克	紫洋葱…30克	黑胡椒醬…1湯匙
橄欖油…少許	生抽…1湯匙	鹽…適量
紅蘿蔔…50克	料酒…1湯匙	
黑芝麻…1克	黑胡椒粉…1克	

做法

1 肥牛片加入生抽、料酒、黑胡椒粉、適量鹽醃製20分鐘。
2 紫洋葱去皮、切絲；紅蘿蔔洗淨、去皮，切絲；米飯盛入小碗中，放在微波爐轉1分鐘。
3 電餅鐺加熱，熱透後在電餅鐺表層刷薄薄一層橄欖油，將米飯倒扣在電餅鐺中間。
4 四周依次鋪好紫洋葱絲、紅蘿蔔絲、熟粟米粒和醃好的肥牛片。
5 電餅鐺加熱1分鐘，均勻地撒入黑芝麻、倒入黑胡椒醬，關火。
6 趁着電餅鐺的餘溫攪拌肥牛片、蔬菜至熟，和米飯拌勻後即可食用。

🍲 烹飪竅門

1 家中有鐵板的用來烹飪再好不過，烹熟後盛入盤中即可。
2 挑選肥牛時選擇瘦肉多肥肉少的肉片，從食材上減少部分油脂攝入量。
3 蔬菜的加入可以降低油脂的攝入量。

特色

趁着電餅鐺的餘溫將牛肉和
蔬菜煎熟，伴着醬料，噴香
下飯。沒有太繁瑣的烹飪過
程，有肉有菜有主食，營養
豐富、少油健康，犯懶的時
候就這樣做吧！

清新開胃

菠蘿海鮮飯

⏰ 50分鐘
🍽 中級

少油方案
少油烹飪工具
刷油代替倒油

營養貼士

菠蘿含有蛋白質分解酶，分解蛋白質的同時幫助腸胃消化，攝入油膩食物較多時可以吃點菠蘿來緩解。此外，菠蘿還有助於減肥。

主料

米飯…150克
菠蘿…1個
蝦仁…8隻
魷魚…80克

輔料

熟粟米粒…20克
熟青豆…20克
咖喱醬…4茶匙
魚露…2茶匙
生抽…2茶匙
料酒…2茶匙
胡椒粉…1克
橄欖油…少許
鹽…適量

做法

1 蝦仁洗淨，去沙線，魷魚洗淨，切小塊，加入生抽、料酒、胡椒粉、少許鹽，醃製20分鐘。

2 在菠蘿縱向1/3處切開，將菠蘿2/3部分切面用刀劃1厘米見方的格子。

3 挖出菠蘿肉，菠蘿殼留做容器，將菠蘿肉浸泡在淡鹽水中20分鐘。

4 不黏鍋加熱，刷一層橄欖油，放入蝦仁和魷魚塊炒至變色。

5 隨後放入熟粟米粒、熟青豆、米飯，中小火不停翻拌煎炒，炒至米飯乾爽，再撈出菠蘿粒，瀝乾水分，放入鍋內。

6 加入魚露、咖喱醬、適量鹽調味，盛出放在菠蘿容器內。

7 將做好的菠蘿海鮮飯一同放入烤箱內，180℃上下火烘烤10分鐘，烤去多餘的水分即可。

特色

聞到菠蘿酸甜的清香味就
會賴着不走；買一個菠蘿
挖出果肉炒飯，混合上蔬
菜的香氣及海鮮的鮮美，
清香怡人。天熱的時候，
只有這樣的飯才開胃。

🥣 烹飪竅門

菠蘿要後下鍋，提前放容易
出水。

懶人快手飯
魚肉花生糙米飯

⏱ 40分鐘
🍽 簡單

少油方案
減油低脂食材
刷油代替倒油

營養貼士

巴沙魚富含蛋白質，味道鮮美，常食有助於抗衰老。花生仁含有維他命E和鋅，能增強記憶力，緩解大腦衰退。

主料

糙米飯⋯200克
巴沙魚⋯200克
花生仁⋯15克

輔料

生抽⋯1湯匙　　　　雞蛋⋯1個
料酒⋯1湯匙　　　　薑⋯2克
胡椒粉⋯1克　　　　香葱⋯1棵
橄欖油⋯少許　　　　鹽⋯適量

做法

1 花生仁洗淨，提前1小時浸泡在清水中，泡軟後去掉外皮，瀝乾水分。

2 薑去皮、切末；香葱去根、洗淨、切末；雞蛋磕入碗中，打散成蛋液。

3 巴沙魚解凍後，用廚房紙吸乾水分，切成小丁，加入生抽、料酒、胡椒粉、雞蛋液、薑末、適量鹽抓勻，醃製20分鐘。

4 不黏鍋加熱，刷薄薄一層橄欖油，放入巴沙魚小火煎炒熟，盛出待用。

5 借着鍋中剩餘的湯汁，放入花生仁，中小火煎炒出香，隨後放入糙米飯，攪散煎炒2分鐘。

6 將巴沙魚倒回鍋內，撒入香葱末和適量鹽，繼續炒勻調味即可。

特色

巴沙魚鮮美，花生仁酥脆，與糙米飯炒在一起健康飽腹，一個人的時候方便搞定，借着不黏鍋刷一層薄油就能事半功倍。

🍵 **烹飪竅門**

1 原本快炒的料理方式，改用刷油代替倒油，變成少油煎炒的料理方式。

2 如果在煎炒的過程中有糊鍋的現象，可以加適量清水或者高湯。

接地氣兒才有靈魂

芫茜巴沙魚鍋貼

 1小時20分鐘
高級

少油方案
菜多肉少
刷油代替倒油

營養貼士

芫茜的維他命 C 含量比普通蔬菜高得多，而且具有揮發性香味物質，有助於增強食欲，溫胃散寒。

主料

| 芫茜…200克 | 巴沙魚…200克 | 麵粉…200克 |

輔料

生抽…2茶匙	黑芝麻…1克	薑…2克
料酒…2茶匙	雞蛋…1個	香葱…1棵
澱粉…1/2茶匙	豆豉…15克	鹽…適量
五香粉…2克	橄欖油…少許	

做法

1 麵粉加適量溫水和成光滑麵糰，包裹上保鮮膜，靜置30分鐘。

2 巴沙魚解凍，用廚房紙吸乾水分，用刀背剁成泥狀。

3 薑去皮、切末；香葱、芫茜分別洗淨、切末；豆豉切末。

4 向巴沙魚泥中磕入雞蛋，加入生抽、料酒、澱粉、五香粉、薑末、香葱末、適量鹽，順時針攪拌上勁兒。

5 然後加入芫茜末、豆豉末，攪拌均勻成餡料。

6 麵糰撕掉保鮮膜，分成等量的小劑子，擀成餃子皮大小的麵皮，包入餡料，中間捏緊、兩頭敞開。

7 不黏鍋加熱，刷一層橄欖油，將包好的鍋貼整齊擺入鍋內，蓋好鍋蓋，中小火煎至底部發黃，加入適量清水沒過鍋貼底部。

8 待水分煎乾後，蓋着鍋蓋小火繼續乾煎1分鐘，可移動不黏鍋使鍋貼受熱均勻，撒入黑芝麻即可。

特色

芫茜除了調味、點綴以外，用來做餡料味道也是一流，和巴沙魚攪拌在一起包成鍋貼，吃在嘴裏酥脆鮮美，肉嫩多汁，接地氣兒，有靈魂！

 **烹飪竅門**

1 建議用溫水和麵，口感柔軟有韌勁，水溫太高容易導致麵糰發黏，水溫太低會口感發硬。

2 水煎乾後鍋貼底部會有些黏，需要蓋着鍋蓋繼續乾煎，出鍋時口感才香脆。

乾豆渣也有春天

豆渣煎吞拿魚

 50分鐘 中級

少油方案
減油低脂食材
刷油代替倒油

營養貼士

乾豆渣屬高膳食纖維、高蛋白、低脂肪、低熱量的食物，食後有飽腹感，特別適合減肥期食用。

主料

吞拿魚…300克　　　　乾豆渣…80克

輔料

黑胡椒粉…2克　　　　雞蛋…1個
橄欖油…少許　　　　檸檬…半個
芥末醬…2茶匙　　　　鹽…適量
壽司醬油…3湯匙

做法

1 吞拿魚洗淨，用廚房紙吸乾水分，切成長約5厘米、厚約1厘米的片。

2 芥末醬、壽司醬油、黑胡椒粉、適量鹽調成混合醬汁。

3 將吞拿魚片放在醬汁中，蓋好保鮮膜，放冰箱冷藏醃製30分鐘，其間翻一次面。

4 雞蛋打散成雞蛋液；乾豆渣中加入少許鹽攪拌均勻。

5 電餅鐺加熱，刷一層橄欖油，取出吞拿魚片，蘸取雞蛋液，隨後再裹滿乾豆渣。

6 放入電餅鐺下層，高溫快煎，待兩面焦黃即可盛盤。

7 最後將半個檸檬擠出汁，均勻地淋在吞拿魚上即可。

烹飪竅門

1 煎吞拿魚時要高溫快煎，才能外焦裏嫩。

2 乾豆渣不用裹得太多，避免焦糊發苦，影響口感。

特色

打磨豆漿過濾出來的豆渣千
萬不要扔掉，晾乾後包裹在
吞拿魚的表層，濃濃的豆香
味滲入吞拿魚內，與吞拿魚
的鮮美融為一體，還可以增
強脆嫩的口感，蘸上醬汁，
吃戒大開！

柔軟滑香、清新細嫩

香煎青檸三文魚

⏰ 30分鐘　簡單

少油方案
刷油代替倒油

營養貼士

三文魚含有豐富的不飽和脂肪酸，能降低膽固醇，提高腦細胞的活性。青檸富含檸檬酸和維他命C，有助於促進消化，增強身體抵抗力。

主料

三文魚⋯400克
青檸檬⋯1個
黃檸檬⋯1個

輔料

現磨黑胡椒粉⋯2克　　橄欖油⋯少許
香草碎⋯1克　　　　　鹽⋯適量
蜂蜜⋯1茶匙

做法

1 青黃檸檬分別榨出檸檬汁，混合備用。

2 三文魚洗淨，用廚房紙吸乾水分，切成長約10厘米、寬約4厘米的塊。

3 向三文魚塊中淋入一半檸檬汁，再均勻撒入現磨黑胡椒粉、香草碎、適量鹽，醃製15分鐘。

4 取出三文魚塊；電餅鐺加熱，刷一層橄欖油，倒入剩餘檸檬汁。

5 依次將三文魚塊放入電餅鐺中，煎至表層酥軟。

6 將煎好的三文魚塊盛入盤中，均勻地淋入蜂蜜調味即可。

🍲 烹飪竅門

1 煎三文魚時先將每面煎20秒，鎖住營養，再依次煎各面，時間不要太長。

2 醃製三文魚時要用檸檬汁來去腥。

3 在煎三文魚時加入檸檬汁，可以中和三文魚釋放出的油脂。

特色

酸爽的檸檬汁中和三文魚的油脂，能去腥解膩。這道菜簡單好做、多吃不胖。再也不用只會蘸着芥末汁吃三文魚了，快點來試試吧！

餃子的華麗變身
抱蛋煎餃

🕐 1小時20分鐘
🍽 中級

少油方案
刷油代替倒油
水煎料理方式

營養貼士

番茄被稱為「神奇的菜中之果」，其所含的茄紅素是抗氧化劑，可清除自由基，有助於減退黑色素，防止斑點的形成。

主料

麵粉…150克
豬肉碎…100克

番茄…250克
雞蛋…4個

輔料

香葱…2棵
薑…2克
生抽…2茶匙

料酒…2茶匙
澱粉…10克
五香粉…1克

黑芝麻…1克
橄欖油…少許
鹽…適量

做法

1 麵粉加適量清水和成光滑的麵糰，裹上保鮮膜，靜置30分鐘。

2 番茄洗淨，開水燙一下，剝去表皮、切丁；薑去皮、切末；香葱洗淨、切末。

3 豬肉碎加入生抽、料酒、五香粉、2克澱粉、薑末、1/2的香葱末、適量鹽，攪拌上勁兒。

4 向豬肉碎中磕入3個雞蛋，放入番茄丁，再加少許鹽和剩餘澱粉，攪拌均勻成餡料。

5 麵糰去掉保鮮膜，分成等量的小劑子，擀成餃子皮，包入適量的餡料捏緊。

6 不黏鍋加熱，刷一層橄欖油，轉盤式整齊地擺入餃子，中火煎至餃子底部微黃。

7 向鍋中加入開水，水量是餃子的一半，蓋上鍋蓋，調大火煎煮。

8 待鍋中的水快收乾時，剩餘1個雞蛋打散，從中間倒入，待蛋液凝固，撒入黑芝麻和剩餘香葱末即可。

特色

味香鮮美的餡料包入餃子皮內，放入鍋中煎至微黃，再用水煎熟，最後倒入金燦燦的雞蛋液，緊緊地將煎餃「抱住」，讓簡單的餃子變出不一樣的風味。

烹飪竅門

1 選瘦多肥少的豬肉碎，可以減少攝油量。

2 餃子如果一鍋放不下，可以分兩鍋，將雞蛋液平均分配，或者多加一個雞蛋。

溫馨香甜特帶勁

抹茶水果薄餅

- ⏱ 30分鐘
- 🍽 簡單

少油方案
刷油代替倒油
用少油調料

主料

麵粉200克 | 牛奶80毫升

輔料

抹茶粉20克 | 雞蛋2個 | 白糖1茶匙 | 牛油果1個 | 香蕉1條 | 蘋果半個 | 奇異果1個 | 橄欖油少許 | 蜂蜜適量 | 堅果碎5克

特色

這道人氣甜點，混合濃濃的水果香和堅果香，用果泥代替奶油，蜂蜜代替高油脂調味料，低脂健康，香甜帶勁，做早餐或者下午茶均可。

做法

1. 抹茶粉、白糖倒入麵粉中，磕入雞蛋，倒入牛奶，和成細膩的麵糊，用筷子一挑輕輕滑落即可。
2. 牛油果去皮、去核，搗成泥狀；香蕉、奇異果分別去皮、切薄片；蘋果洗淨、去皮、去核，切薄片。
3. 不黏鍋加熱，刷薄薄一層橄欖油，挖一勺麵糊倒入鍋中，攤成薄餅。
4. 中小火烘至兩面微黃熟透，掀起裝入盤中。
5. 在烘好的薄餅上塗抹一層牛油果泥，將各種水果片平均分配，取適量依次疊鋪在牛油果泥上。
6. 將薄餅自下而上捲起，均勻淋入適量蜂蜜，撒入堅果碎即可。

營養貼士

牛油果富含膳食纖維，其可溶性膳食纖維能清除體內多餘的膽固醇，而不溶性膳食纖維能幫助調節消化功能，防止便秘。

🍲 烹飪竅門

1. 還可以將薄餅一層一層排在一起，中間疊入各種水果，如同千層蛋糕的做法。
2. 用蜂蜜代替高油脂調味料。

不想再賴床
芒果玉子燒

少油方案
刷油代替倒油

⏰ 30分鐘
🍽 簡單

主料
芒果250克 | 雞蛋3個 |
牛奶50毫升

輔料
白糖1/2茶匙 | 鹽適量 |
橄欖油少許

特色
吃了這麼久的玉子燒，
沒想到做法這麼簡單。
雞蛋牛奶混合攤成薄
餅，撒入芒果丁，反復
折疊即可。綿密香軟，
早餐來份這樣的玉子
燒，看誰還賴床！

做法
1 雞蛋磕入碗中打散，加入牛奶、白糖、適量鹽，攪拌均
  勻成牛奶蛋液。
2 芒果去皮、去核，切成小丁。
3 玉子鍋加熱，刷一層橄欖油，倒入1/4牛奶蛋液晃平，
  再迅速均勻地撒入芒果丁。
4 中小火慢煎，待蛋皮底部開始凝固時，用木鏟將蛋皮對
  折，推至玉子鍋的前端，重複以上動作幾次，形成一層
  又一層的蛋皮。
5 將做好的芒果玉子燒切成四段即可。

營養貼士
芒果含有蛋白質、鈣、
磷、鐵等營養成分，能
潤澤皮膚、美容養顏，
是難得的美容佳果。

🍲 烹飪竅門

1 蛋皮很薄易熟，在撒
芒果丁時要迅速晃平。
2 牛奶蛋液分成四次入
鍋，煎成蛋皮，對折推
向前端。
3 前兩次蛋皮要半熟狀
態對折，這樣做出的玉
子燒外焦裏嫩。

清新可愛

水果抹茶窩夫

⏱ 40分鐘
🍽 簡單

少油方案
用低脂油類
少油烹飪工具

營養貼士

藍莓中的花青素能減輕眼睛疲勞、保護視力。草莓富含果膠及膳食纖維，能促進腸胃蠕動，幫助消化。這道水果抹茶窩夫，採用水果種類越多，為身體提供的營養元素越豐富。

主料

全麥麵粉…150克

輔料

抹茶粉…5克	酵母粉…1克	紅蘿蔔…半條
雞蛋…1個	細砂糖…20克	草莓…6個
牛奶…80毫升	藍莓…20粒	堅果碎…少許
酸奶…40毫升	香蕉…1條	橄欖油…12毫升

做法

1 雞蛋磕入全麥麵粉中，加入抹茶粉、酵母粉、細砂糖、酸奶、牛奶和適量溫水，攪拌成細膩的麵糊。

2 將麵糊連續過兩次篩，加入10毫升橄欖油攪拌均勻（剩餘2毫升橄欖油刷窩夫機）。

3 電窩夫機取格子烤盤預熱，在上下烤面各塗一層薄橄欖油。

4 將麵糊倒入窩夫機，其量蓋住烤面即可。

5 蓋好上層烤盤，待其自動烘熟，取出放入容器中自然冷卻。

6 藍莓洗淨，瀝乾水分；香蕉去皮；草莓洗淨，去蒂；紅蘿蔔洗淨，去皮；分別用造型刀切成花樣。

7 待窩夫稍微涼一些，將水果切片隨意擺在表層，藍莓粒、堅果碎擺入小格子裏即可。

特色

水果切成可愛的形狀，隨意擺入窩夫的小格中，着實清新可愛，看着食欲大增，怎能不多吃幾個？自製的窩夫少油健康，給孩子們吃很放心。

 **烹飪竅門**

1 日常窩夫用牛油居多，但牛油脂肪太高，用橄欖油替換牛油可以減少攝油量。

2 窩夫機種類不同，根據不同情況和提示，來掌握烘熟的火候。

3 喜歡外脆裏軟口感的窩夫，可以稍微延長烘制時間。

自製自吃、香甜味美

草莓醬蛋卷吐司

 1小時　簡單

少油方案
刷油代替倒油

營養貼士

草莓所含維他命種類多，還有豐富的礦物質，能補充身體所需的營養成分，而且容易被消化吸收，是老少皆宜的健康食品。

主料

草莓…500克　　　　吐司…4片

輔料

雞蛋…2個　　牛油果…1個
白糖…63克　　橄欖油…少許

做法

1 草莓洗淨，去蒂，瀝乾水分。

2 不黏鍋加熱，不放油，放入草莓中小火不斷翻炒，待草莓大部分果汁釋出後，加入60克白糖。

3 繼續中小火熬煮，待草莓果肉軟爛、湯汁變濃稠時，草莓醬就成了，裝入無油無水的容器中冷卻。

4 牛油果去核、去殼，搗成細膩的泥糊。

5 吐司去掉四周硬邊，2/3的部分用擀麵杖擀薄，留1/3形成平緩的坡度，方便捲起定型。

6 在吐司擀薄的部分塗抹　層牛油果泥，再鋪上一層草莓醬，像捲壽司那樣捲起。

7 雞蛋磕入碗中，打散成雞蛋液，加入3克白糖攪拌均勻。

8 不黏鍋加熱，刷一層橄欖油，將吐司卷蘸取雞蛋液後放入鍋中，小火煎至表面金黃即可。

特色

自己動手烹製草莓醬，沒任何添加劑，和牛油果醬一起鋪在吐司表層，改善口感還替代高油脂調味品，烹飪簡單，營養健康。

烹飪竅門

1 多餘的草莓醬可以放在密封的容器中，放入冰箱冷藏。

2 吐司容易吸油，外層包裹一層雞蛋液可以減少油脂的滲入。

香甜酥脆
果乾燕麥餅

20分鐘
簡單

少油方案
少油烹飪工具
刷油代替倒油

主料
即食燕麥片100克
混合果乾25克

輔料
雞蛋1個 | 牛奶45毫升 |
橄欖油少許 | 蜂蜜適量

特色
你一口，我一口，嚼在嘴裏香甜酥脆，剛出鍋就想下手抓，燙手也不怕！

營養貼士
混合果乾含有豐富的膳食纖維和維他命，能為身體補充全面的營養元素。即食燕麥片含有鈣、磷、鐵、鋅等礦物質，有助於增強骨質密度，是補鈣佳品。

做法
1 雞蛋磕入碗中打散，加入牛奶攪拌均勻。
2 將即食燕麥片、混合果乾泡入雞蛋牛奶液中5分鐘，再加入適量蜂蜜攪拌均勻。
3 不黏鍋加熱，刷薄薄一層橄欖油，用勺子挖一勺燕麥果乾混合糊，在鍋中攤平。
4 用小火慢煎至底層凝固後，再翻面煎熟即可。

1

2

3

4

烹飪竅門
1 儘量選取熱量相對較低的混合果乾。
2 即食燕麥片要放在雞蛋牛奶液中泡軟，這樣烹飪時不容易脫落。

至少三個起

香蕉燕麥鬆餅

🕐 20分鐘
🍽 簡單

少油方案
少油烹飪工具
刷油代替倒油

主料
即食燕麥片100克
香蕉1條

輔料
濃稠酸奶50毫升｜牛奶50毫升｜
雞蛋1個｜橄欖油少許｜
蜂蜜｜適量

特色
不需要麵粉，酥軟的燕麥片同其他食材打成細膩的糊，攤成鬆軟的香餅，香蕉的氣息撲面而來，淋點蜂蜜調味，能當早餐也可以做小食，總之，就是很好吃。

做法
1 香蕉去皮、切段。
2 將除蜂蜜、橄欖油以外的材料一同放入料理機中，攪打成細膩濃稠的香蕉燕麥糊。
3 不黏鍋加熱，刷薄薄一層橄欖油，用勺子挖適量香蕉燕麥糊平鋪在鍋中。
4 用小火慢煎，待底層定型後翻另一面煎熟。
5 煎好的香蕉燕麥餅盛入盤中，均勻地淋入蜂蜜即可。

營養貼士
香蕉含有豐富的營養物質，不含膽固醇，吃了不會發胖，為人體提供均衡營養的同時還有益於大腦健康。

🍲 **烹飪竅門**

最好選擇比較濃稠的酸奶，做出來的鬆餅口感更綿軟。

剩餘韭菜的好去處
韭菜煎餅

⏱ 30分鐘
🍽 簡單

少油方案
刷油代替倒油

主料
韭菜75克
麵粉150克

輔料
雞蛋1個｜紅蘿蔔半條｜青瓜半條｜火腿5片｜橄欖油少許｜甜麵醬1/2茶匙｜鹽適量

特色
平時做餡剩餘的韭菜不多，扔了可惜，再做一頓用量又不夠，給你一個好建議：切碎和在麵糊裏，攤成薄薄的煎餅，裹上蔬菜條，便是美美的一頓早餐！

營養貼士
韭菜中富含膳食纖維，能減少油脂在腸道內的滯留及吸收，促進腸道蠕動，預防便秘。

做法
1 韭菜擇洗淨，切碎；紅蘿蔔洗淨，去皮，切絲；青瓜洗淨，切絲；火腿切條。
2 雞蛋磕入麵粉中，加適量鹽和清水調成細膩的麵糊，用筷子挑起能輕鬆滑落即可。
3 將韭菜碎放入麵糊中，攪拌均勻。
4 不黏鍋加熱，刷薄薄一層橄欖油，挖一勺韭菜麵糊放入鍋中，攤成薄餅。
5 小火烘煎至兩面金黃，盛入容器中。
6 在煎餅上刷一層甜麵醬，依次碼入紅蘿蔔絲、青瓜絲、火腿條，自下而上捲起即可。

🍲 烹飪竅門

韭菜煎餅不要煎得太久，否則韭菜容易發黃。

顏值美味雙豐收

腐皮炒雞毛菜

⏰ 25分鐘
▬ 簡單

少油方案
借用湯汁
刷油代替倒油

主料
乾腐皮2張｜雞毛菜（小棠菜苗）250克

輔料
高湯塊5克｜澱粉1/2茶匙｜生抽1湯匙｜橄欖油少許｜鹽適量

特色
鮮嫩、清脆、味美，就是這樣一道簡單的素炒，俘獲了多少人的心？利用高湯來烹飪，多了鮮美，少了油膩，加上腐皮的豆香，顏值美味都有了，還在等什麼？

做法
1 乾腐皮在熱水中浸泡15分鐘，泡發後洗淨，瀝乾水分，切成絲。
2 澱粉加適量清水，調成澱粉水。
3 高湯塊中倒入50毫升開水，溶化成高湯汁。
4 雞毛菜洗淨，瀝乾水分，莖葉一分為二，分別切成長約5厘米的段。
5 不黏鍋加熱，刷一層橄欖油，放入腐皮絲，中火翻炒1分鐘，倒入高湯汁。
6 調大火，放入菜莖段翻炒1分鐘，再加入雞毛菜葉，隨後倒入澱粉水炒勻。
7 最後淋入生抽、加少許鹽調味，關火即可。

營養貼士
雞毛菜是含維他命和礦物質比較豐富的蔬菜之一，能為身體提供豐富的營養元素，增強免疫力。

🍲 烹飪竅門

1 如果在炒腐皮絲時有乾鍋的現象，可以分批次加少量高湯汁。
2 腐皮絲和雞毛菜易熟，全程需快速烹飪。

1

2

3

4

5

6

7

火熱的東北菜
少油地三鮮

⏰ 35分鐘
🍽 簡單

少油方案
先處理吸油菜
刷油代替倒油

主料
紫長茄1條｜馬鈴薯300克｜青圓椒1個

輔料
生抽2湯匙｜料酒1湯匙｜白糖1/2茶匙｜澱粉1茶匙｜薑2克｜香蔥1棵｜蒜頭6瓣｜橄欖油少許｜鹽適量

特色
以後再做這道東北菜，可以省略過油的步驟，利用微波的火力逼出蔬菜中的水分，放入調好的料汁，既節省時間，又低脂健康。

做法
1 長茄子洗淨、去蒂，切滾刀塊；馬鈴薯洗淨、去皮，切滾刀塊；青圓椒洗淨、去蒂、去籽，切三角塊。
2 幾種蔬菜塊一同放入容器中，噴適量的清水，放入微波爐，高火力轉5分鐘。
3 在微波的同時，將生抽、料酒、白糖、澱粉、適量鹽混合調成料汁。
4 薑去皮、切末；香蔥去根、洗淨、切末；蒜頭去皮、切末。
5 不黏鍋加熱，刷一層橄欖油，加入薑末、香蔥末炒香，隨後放入微波好的茄子塊、馬鈴薯塊和青椒塊。
6 中小火翻炒2分鐘，倒入料汁，翻炒至湯汁濃稠時加入蒜末，出香後關火即可。

營養貼士
紫長茄含有豐富的礦物質，屬寒涼性質的食物，夏季食用紫長茄有助於清熱解暑。馬鈴薯含豐富的膳食纖維，能帶走體內多餘的油脂。青圓椒中的辣椒素能刺激唾液、胃液分泌，增強食欲。

🍲 烹飪竅門

1 用微波處理吸油菜代替過油炸，減少用油量。
2 不同的微波爐火力不同，只要加熱至蔬菜表皮微微皺起變軟即可。

第二章

無油派

蒸菜首選
豆腐蒸蝦仁

⏲ 30分鐘　　無油方案
🔔 簡單　　　蒸的料理方式

主料
嫩豆腐1盒｜蝦仁12隻

輔料
熟青豆10克｜紅蘿蔔50克
｜生抽1湯匙｜料酒1湯匙
｜高湯塊8克｜香蔥1棵｜
白糖1克｜鹽適量

特色
想做蒸菜，就來這道豆腐蒸蝦仁，鮮嫩可口、營養豐富、簡單易學，保證零失敗，幾分鐘就能學會。

營養貼士
豆腐含有特殊的草酸物質，能夠改善人體的脂肪結構。蝦仁蛋白質豐富，營養價值很高，能增強人體的免疫力。

做法

1 蝦仁洗淨、去沙線，加生抽、料酒、少許鹽醃製20分鐘。
2 嫩豆腐取出，切成1厘米見方的塊；紅蘿蔔洗淨、去皮、切末；香蔥洗淨、去根、切碎。
3 高湯塊加30毫升開水，放入白糖、少許鹽攪勻，溶化成湯汁。
4 豆腐塊、蝦仁盛在同一容器中，撒入熟青豆和紅蘿蔔末。
5 將湯汁均勻地淋在食材上，稍微翻拌一下。
6 蒸鍋加適量清水燒開，將豆腐蝦仁放入蒸屜上蒸10分鐘至熟，取出後撒入香蔥末即可。

烹飪竅門

1 這道菜蒸的時間不要太久，否則蝦仁和豆腐變老會影響口感。
2 選取嫩豆腐口感更順滑。

緊致厚實、鮮香脆嫩

鹽焗蝦

 30分鐘　無油方案
簡單　焗的料理方式

主料
鮮蝦400克｜海鹽300克

輔料
白酒2湯匙｜花椒粒5克

特色
如果餐桌沒有蝦叫什麼大餐？蝦最簡單的做法莫過於此了，準備多一點海鹽，加熱後把蝦燜在裏面，變紅就可以出鍋了，又香又嫩，原汁原味。

做法
1 鮮蝦洗淨，去沙線，加白酒和花椒粒拌勻，靜置10分鐘，去除部分腥味。
2 用廚房紙吸乾鮮蝦表層的水分待用。
3 琺瑯鍋加熱，倒入海鹽，中火炒拌7分鐘，用木鏟將海鹽在鍋內平攤。
4 隨後擺入處理好的鮮蝦，蓋好鍋蓋，小火繼續焗5分鐘，至蝦身變色即可。

營養貼士
蝦含有豐富的蛋白質和鎂元素，肉質軟嫩易消化，是比較好的滋補食物，有利於身體的健康。

1

2

3

4

烹飪竅門
1 儘量選取新鮮的蝦，烹飪出來的口感有韌性。
2 一定要把蝦的水分吸乾再進行烹飪，否則影響口感。

風味名菜
紫茄燉鯰魚

 1小時 高級

無油方案
借助湯汁烹飪
減油低脂食材

營養貼士
鯰魚含多種礦物質，營養價值很高，有滋補養血的功效，特別適合體弱虛損者食用。

主料
鯰魚⋯1條　　　　　　紫長茄⋯1根

輔料
郫縣豆瓣醬⋯20克　　薑⋯3克　　　　料酒⋯4湯匙
泡椒⋯3隻　　　　　　高湯塊⋯5克　　米醋⋯3湯匙
蒜頭⋯1個　　　　　　八角⋯2粒　　　鹽⋯適量
香葱⋯5棵　　　　　　花椒粒⋯10克
芫茜⋯1棵　　　　　　生抽⋯1湯匙

做法
1 鯰魚去鰓、洗淨、斬塊，放入開水中焯燙2分鐘，撈出後用清水沖淨，瀝乾水分。

2 鯰魚塊加2湯匙料酒、5克花椒粒、少許鹽醃製20分鐘。

3 紫長茄洗淨，切滾刀塊；蒜頭去皮、拍扁；香葱洗淨、去根、打結；芫茜洗淨、切末；薑去皮、切片。

4 高湯塊加50毫升開水，溶化成高湯汁。

5 不黏鍋加熱，不放油，放入蒜頭、香葱結、薑片煸香，倒入高湯汁，加入鯰魚塊，借助湯汁來煎香鯰魚。

6 出香味後淋入生抽、剩餘料酒、加入郫縣豆瓣醬、泡椒、八角、剩餘花椒粒，倒入與食材齊平的熱水燒開。

7 大火燉煮20分鐘後放入紫茄塊、適量鹽，淋入米醋，燉至紫茄軟爛、湯汁濃稠。

8 出鍋前撒入芫茜末調味即可。

特色

俗話說「鯰魚燉茄子，撐死老爺子」。茄子能吸取鯰魚的油脂，使鯰魚肥而不膩，而茄子也軟糯鮮香，再加入香辣的豆瓣醬，口味濃郁，無法抗拒。

烹飪竅門

1 鯰魚過水汆燙可以去除表層黏液。
2 紫長茄吸油，能吸收鯰魚釋出的部分油脂。

香而不膩、口感醇厚

酸甜巴沙魚

⏱ 50分鐘
🍽 中級

無油方案
借食材水分烹飪

營養貼士

番茄富含維他命 A 原，在人體內轉化成維他命 A，不僅能促進骨骼生長，還可以防止眼睛乾澀、提高視力。

主料

巴沙魚…350克　　　　番茄…2個

輔料

番茄醬…60克	胡椒粉…2克	薑…3克
白砂糖…50克	澱粉…1茶匙	蒜頭…1個
生抽…1湯匙	芫茜…1棵	香葱…2棵
料酒…4湯匙	高湯塊…8克	鹽…適量

做法

1 巴沙魚解凍，用廚房紙吸乾水分，切成小塊，加入生抽、2湯匙料酒、胡椒粉、澱粉、適量鹽抓勻，醃製20分鐘。

2 番茄洗淨，開水燙一下去皮，切成丁。

3 芫茜洗淨、切末；薑去皮、切片；蒜頭去皮、拍扁；香葱洗淨、去根、打結。

4 不黏鍋加熱，不放油，放入薑片、蒜頭、香葱結煸香，隨後加入番茄丁，中火翻炒出汁。

5 再放入番茄醬、白砂糖炒至濃稠，放入高湯塊，加適量清水煮開。

6 水開後，滑入醃好的巴沙魚塊，淋入剩餘料酒，加適量鹽中火燉煮10分鐘，再轉大火收汁。

7 燉好後盛入容器中，撒入芫茜末調味即可。

特色

這道菜酸甜又嫩滑，不用任何添加劑，做出最自然的顏色，一定要多放兩個番茄才夠味，配着米飯多吃好幾碗。

🍲 烹飪竅門

1 巴沙魚表層包裹澱粉可以鎖住魚肉內的水分，口感更滑嫩。

2 借用番茄的湯汁烹飪，省略用油。

美妙的搭配

澆汁蛤蜊豬膶

 40分鐘
簡單

無油方案

煮、澆汁的
料理方式

營養貼士

蛤蜊脂肪含量低，不飽和脂肪酸含量較高，易被人體消化吸收。豬膶中的鐵質豐富，是有助補血的食物之一。

主料

蛤蜊…350克　　　　　　豬膶…150克

輔料

小米椒…2隻	白糖…1/2茶匙	蒜頭…半個
生抽…3湯匙	白醋…1湯匙	薑…5克
蒸魚豉油…1湯匙	料酒…3湯匙	香葱…5棵
米醋…1湯匙	澱粉…10克	鹽…適量

做法

1 蛤蜊提前半天浸泡在清水中吐沙，吐淨泥沙後沖洗一下。豬膶沖淨血水，放入清水中，加白醋浸泡30分鐘。

2 薑去皮，2克切絲、3克切末；香葱去根、洗淨，4棵分別打葱結、1棵切末。

3 小米椒洗淨、去蒂、切圈；蒜頭去皮、切末。

4 豬膶切成厚約2毫米的薄片，再次清洗去血水，加生抽、料酒各1湯匙、薑絲、2個香葱結、澱粉抓勻，醃製20分鐘。

5 湯鍋中加適量清水燒開，倒入1湯匙料酒，下入豬膶汆至變色，立即撈出瀝乾水分。

6 湯鍋更換清水燒開，加2個葱結，倒入1湯匙料酒，放入蛤蜊汆煮至開口，立即撈出瀝乾水分。

7 將剩餘生抽、蒸魚豉油、米醋、白糖、蒜末、薑末、香葱末、小米椒圈、適量鹽混合調成料汁。

8 汆好的豬膶、蛤蜊放在同一盤中，均勻地澆入料汁，吃時拌勻即可。

特色

滑嫩的豬膶和鮮美的蛤
蜊，經過開水的汆燙，澆
上美味的料汁，簡單好吃，
一拍即合。

 **烹飪竅門**

1 豬膶是汆煮烹飪，要反
復去腥，加白醋浸泡，加
料酒、澱粉抓勻醃製，汆
煮時加料酒，有助於去腥。
2 採用煮、澆汁的料理方
式，可省去用油。

懶人有懶招
豆豉蒸龍脷魚

⏱ 40分鐘　　無油方案
🔔 簡單　　　蒸的料理方式

主料
龍脷魚400克
乾豆豉40克

輔料
紅米椒2隻｜青米椒2隻｜
芫茜1棵｜蒸魚豉油2湯匙
｜白糖1/2茶匙｜料酒4湯
匙｜現磨黑胡椒粉1克｜
蒜5瓣｜薑2克

特色
想吃魚又想省事，懶又
貪吃，怎麼辦？把魚醃
一會兒，淋點料汁，上
鍋一蒸就完事。不要主
食，只吃魚就飽了。

做法

1 乾豆豉搗碎；青、紅米椒分別洗淨，去蒂、切圈；芫茜
  洗淨、切末；蒜去皮、切末；薑去皮、切絲。
2 龍脷魚解凍後，用廚房紙吸乾水分，斜刀切成小塊。
3 龍脷魚塊加薑絲、2湯匙料酒、磨入黑胡椒粉、10克豆
  豉碎抓勻，醃製20分鐘。
4 蒸魚豉油、青紅米椒圈、白糖、剩餘料酒、蒜末、少許
  清水混合，調成料汁。
5 龍脷魚整齊擺入盤中，撒入剩餘豆豉碎，均勻地淋入料汁。
6 蒸鍋燒開水，將龍脷魚放在蒸屜上，大火蒸8分鐘，關
  火後撒入芫茜末即可。

營養貼士
龍脷魚有較高的不飽和
脂肪酸，有助於增強記
憶，心腦血管疾病人群
多食龍脷魚有益健康。
乾豆豉含有人體所需的多
種氨基酸，香氣濃郁，
增進食欲，促進吸收。

 烹飪竅門

乾豆豉和蒸魚豉油都有
鹹味，不用再額外加鹽。

綿軟散發着肉香

海苔牛肉粥

⏱ 50分鐘　無油方案
🔔 簡單　煮的料理方式

主料
牛裏脊100克
大米100克

輔料
海苔1片｜生抽1湯匙｜料
酒1湯匙｜胡椒粉1克｜油
菜1條｜薑2克｜鹽適量

特色
清香的大米無論是煮粥
還是燜飯，百吃不膩，
在滾燙的開水中煮得軟
爛，放入牛肉鬆、油菜碎
和海苔碎，香味濃厚，
風味獨特，簡簡單單用
砂鍋煮就很好吃！

做法
1 牛裏脊洗淨，逆紋路切成細絲，加生抽、料酒、胡椒粉、
　少許鹽醃製20分鐘。
2 油菜洗淨、切碎；薑去皮、切末；海苔搗碎。
3 大米放入砂鍋中，加適量清水大火煮開，煮開後轉中小
　火煲煮15分鐘。
4 隨後放入牛肉絲和薑末，攪拌均勻。
5 待牛肉絲變色，隨後撒入油菜碎攪勻，中小火繼續熬煮
　2分鐘。
6 最後撒入海苔碎，攪拌均勻即可關火。

營養貼士
海苔低熱量，高纖維，
含有多種礦物質，有助
於增強抵抗力，維持機
體的酸鹼平衡。

 烹飪竅門

1 米粥要煮得綿稠時再
下入牛肉絲。
2 牛肉不能煮太久，否
則口感會變老。

高人氣休閒零食

麻辣牙籤牛肉

🕐 1小時　　無油方案
🍽 中級　　　無油烹飪工具

營養貼士

牛裏脊含多種氨基酸，能補充營養，提高機體免疫力。

主料

牛裏脊…400克

輔料

孜然粉…5克	老抽…1湯匙	澱粉…5克
辣椒粉…5克	料酒…3湯匙	白糖…1/2茶匙
麻椒粉…5克	香葱…3棵	鹽…適量
生抽…3湯匙	薑…3克	白芝麻…3克

做法

1 香葱洗淨、去根、切碎；薑去皮、切絲。

2 牛裏脊洗淨，用廚房紙吸乾水分，切成長約5厘米、寬約1.5厘米的牛肉條。

3 向牛肉條中加入薑絲、生抽、老抽、料酒、澱粉、白糖、適量鹽抓勻，醃製30分鐘。

4 取牙籤放在開水中浸泡2分鐘，撈出待用。

5 將醃製好的牛肉條穿在牙籤上。

6 牙籤牛肉放入空氣炸鍋的炸籃中，設置200℃的溫度炸10分鐘，等待出鍋。

7 不黏鍋加熱，不放油，將炸好的牙籤牛肉移至不黏鍋內，均勻地撒入孜然粉、辣椒粉、麻椒粉、白芝麻，翻炒均勻。

8 最後再撒入香葱碎調味即可。

特色

長途旅行必要有肉類休閒零食的陪伴，下次再出遠門不用特意去買了，自己在家做，低卡又健康，不用放油就能做出焦香的美味，還有辣辣的口感。

 烹飪竅門

1 不同的空氣炸鍋火力不同，時間和溫度要根據實際情況調整。
2 牙籤要在開水中浸泡消毒，做好的牙籤牛肉保質期會更長。

滿滿香氣，溫暖踏實
花心牛肉煲仔飯

🕐 1小時
🔔 簡單

無油方案
減油低脂食材
燜的料理方式

營養貼士
西蘭花含豐富的礦物質，青豆含維他命 B 雜，粟米含膳食纖維，紅蘿蔔含多種維他命，再加上富含碳水化合物的大米，可以全面補充營養素。

主料
牛裏脊…150克　　　　大米…200克

輔料
西蘭花…100克	澱粉…1/2茶匙	黑胡椒粉…1克
熟青豆…20克	生抽…3湯匙	白糖…1/2茶匙
熟粟米粒…20克	料酒…1湯匙	鹽…適量
紅蘿蔔…40克	蠔油…2茶匙	
雞蛋…1個	薑…2克	

做法

1 西蘭花洗淨，切小朵；紅蘿蔔洗淨，去皮，切厚約 2 毫米的圓片；薑去皮、切絲。

2 牛裏脊洗淨，用廚房紙吸乾水分，切成厚約 1 毫米的方形牛肉片。

3 牛肉片中加入澱粉、1 湯匙生抽、料酒、薑絲、黑胡椒粉、適量鹽，醃製 30 分鐘。

4 大米和水的比例按 1:1 放在電飯煲內，浸泡 10 分鐘，然後啟動煮飯功能。

5 燒一小鍋開水，分別放入西蘭花、紅蘿蔔片，焯燙至八成熟，撈出後瀝乾水分。

6 剩餘生抽、蠔油、白糖、少許鹽放入碗中，加適量清水調成醬汁。

7 待電飯煲內的水分快乾時，沿着電飯煲邊緣依次擺入牛肉片，在正中間磕入雞蛋。

8 再依次擺入西蘭花、紅蘿蔔片、熟青豆、熟粟米粒，均勻淋入醬汁，繼續燜煮至熟即可。

特色

燜飯大概是美食中最溫暖踏實的了，放點肉質細嫩的牛裏脊肉，撒入幾種不同的蔬菜，磕一個雞蛋，溏心實心隨着自己的心情，最後澆點料汁拌一拌，Done。

 烹飪竅門

1 牛肉要切薄一些，放在電飯煲內燜煮易熟，或者提前用開水焯一下。
2 吃之前將鍋內食材拌匀更入味。

只有動聽的喫麵聲

奶酪香腸意大利粉

⏱ 35分鐘
🍴 中級

無油方案
借食材水分烹飪
減油低脂食材

營養貼士
聖女果中的茄紅
素能保護人體
不受自由基的侵
害，有抗衰老的
食療功效。

主料
意大利粉…180克　　　　　雞肉香腸…100克

輔料
聖女果（小番茄）…150克　　馬蘇里拉奶酪碎…50克
番茄醬…3湯匙　　　　　　　黑胡椒粉…1克
鮮香菇…1朵　　　　　　　　香芹碎…少許
牛油果…半個　　　　　　　　白砂糖…1/2茶匙
苦瓜…60克　　　　　　　　　鹽…適量
蒜頭…2瓣

1 聖女果洗淨，十字刀切四瓣；鮮香菇洗淨，去蒂，
　切丁；牛油果去皮，去核，搗成泥。

2 苦瓜洗淨，去瓤，切丁；蒜頭去皮，切片；雞肉
　香腸切小圓片。

3 意大利粉放入開水中煮熟，瀝乾水分。

4 不黏鍋加熱，不放油，放入蒜片和香菇丁煸香，
　再下入聖女果瓣翻炒出湯汁，倒入番茄醬攪勻。

5 隨後放入苦瓜丁、雞肉香腸，加黑胡椒粉、白砂
　糖、適量鹽調味炒勻。

6 接着依次放入煮好的意大利粉、牛油果泥，炒至
　意大利粉裹滿湯汁。

7 再加入馬蘇里拉奶酪碎，炒至其融化拉絲，關火。

8 最後撒入香芹碎調味、點綴即可。

特色

快手意大利粉來了！高顏值而且營養豐富，挑起意大利粉，麵條和拉絲的奶酪傻傻分不清，只知道大口大口地往嘴裏嘬。

🍲 **烹飪竅門**

1 可以選用低脂的雞肉香腸代替高脂肪肉類，再搭配可以抑制脂肪吸收的蔬菜，減少油量攝入。

2 聖女果本身含有大量湯汁，利用其烹飪可不用油。

3 若接受不了苦瓜的苦味，可以提前焯水。

香醇鮮嫩

白藕燜雞

🕐 1小時30分鐘
🍽 中級

無油方案
減油低脂食材
去除多餘油脂

營養貼士

白藕富含維他命和膳食纖維，能幫助油脂排出體外，減少吸收，同時白藕也能提供人體需要的碳水化合物和微量元素。

主料

雞腿…2隻　　　　　　白藕…400克

輔料

紅蘿蔔…1條　　　　　甜麵醬…1湯匙
乾香菇…5朵　　　　　小米椒…2隻
高湯塊…5克　　　　　黑胡椒粉…1克
生抽、料酒…各4湯匙　薑…3克
蠔油…2湯匙　　　　　香葱…2棵
白砂糖…1/2茶匙　　　蒜頭…5克

1 乾香菇提前1小時泡發，洗淨待用。

2 雞腿洗淨，斬小塊，用刀割去雞肉和雞皮之間的油脂，加生抽、料酒各2湯匙、黑胡椒粉醃製30分鐘。

3 白藕洗淨、去皮，切滾刀塊，在清水中浸泡10分鐘；紅蘿蔔洗淨、去皮，切滾刀塊；小米椒洗淨，切圈。

4 薑去皮、切片，香葱洗淨、去根、切段；蒜頭去皮。

5 剩餘生抽和料酒、蠔油、白砂糖、甜麵醬、小米椒圈，加少許清水調成醬汁。

6 不黏鍋加熱，不放油，放入薑片、香葱段、蒜瓣煸香，下入雞腿塊和香菇，均勻地淋入料汁。

7 隨後放入高湯塊，倒入適量開水，蓋好鍋蓋，先大火燜煮20分鐘。

8 再放入藕塊、紅蘿蔔塊，轉中小火燜煮15分鐘即可關火。

特色

不用一滴油，借助雞皮的
油脂就能做出香噴噴的白
藕燜雞，加上紅蘿蔔和
香菇，借用高湯來燜燒，
醬香濃郁，一年四季都
可以吃。

烹飪竅門

1 白藕要浸泡在清水中去除
澱粉，燜出來的菜品顏色
更清透。
2 生抽、蠔油、甜麵醬都有
鹹味，無須額外加鹽。

好吃到舔手指

無油雞肉卷

 1小時
中級

無油方案
減油低脂食材
無油烹飪工具

營養貼士

生菜含膳食纖維和維他命，能夠幫助身體排出多餘的脂肪，減少脂肪的吸收，有利於保持苗條身材。

主料

雞胸肉…220克　　　麵粉…150克

輔料

雞蛋…1個　　　西瓜…80克　　　蜂蜜…1湯匙
生菜…2片　　　生抽…2湯匙　　　甜麵醬…2湯匙
青瓜…半條　　　料酒…2湯匙　　　麵包糠…100克
紅蘿蔔…半條　　　胡椒粉…1克　　　鹽…適量

做法

1 麵粉加適量清水和成光滑的麵糰，裹上保鮮膜靜置30分鐘。

2 雞胸肉洗淨，用廚房紙吸乾水分，切成長條，加生抽、料酒、胡椒粉、蜂蜜、適量鹽醃製20分鐘。

3 生菜、青瓜分別洗淨，切絲；紅蘿蔔洗淨、去皮、切絲；西瓜去皮、去籽、切絲。

4 雞蛋打散成雞蛋液，倒入醃好的雞肉條中拌勻。

5 麵糰撕掉保鮮膜，揉成長條，分成等量的小劑子，擀成直徑約18厘米的餅坯。

6 不黏鍋加熱，不放油，直接放入餅坯，烘至餅坯變色熟透成薄餅。

7 將每條雞肉條裹上麵包糠，放入空氣炸鍋中，設定溫度200℃，炸15分鐘盛出。

8 薄餅表層刷一層甜麵醬，將雞肉條和果蔬絲平均分配依次排在薄餅上，捲起固定即可。

特色

把醃過的雞肉條裹上麵包糠，利用無油烹飪工具炸酥脆，同果蔬一起捲在薄餅中，即刻還原風靡美食界的雞肉卷，重要的是無油哦！

烹飪竅門

1 麵包糠的用量可以比正常多一些，方便蘸取。

2 根據薄餅的數量，平均分配雞肉條和果蔬絲用量，分配方式遵循菜多肉少的原則，根據實際情況增減。

消除罪惡感

無油雞米花

⏰ 40分鐘
🍽 簡單

無油方案

無油烹飪工具

營養貼士

雞胸肉肉質細嫩，營養豐富，低脂肪高蛋白，消化率很高，易被人體吸收，有助於增強體力，強身健體。

主料

雞胸肉…400克

輔料

麵包糠…150克	腐乳汁…2湯匙	胡椒粉…5克
雞蛋…2個	白砂糖…1/2茶匙	香草鹽…適量
生抽…3湯匙	蒜頭…5瓣	
料酒…3湯匙	孜然粉…5克	

1 雞胸肉洗淨，用廚房紙吸乾水分，切成約3厘米見方的塊。

2 蒜頭去皮、搗成泥。

3 雞肉塊加生抽、料酒、腐乳汁、白砂糖、蒜泥、孜然粉、胡椒粉、少許香草鹽醃製2小時。

4 雞蛋打散成雞蛋液。

5 將雞蛋液倒入醃好的雞肉塊中拌勻，使雞肉塊裹滿雞蛋液。

6 把裹滿雞蛋液的雞肉塊倒入麵包糠中，滾滿麵包糠成雞米花。

7 用筷子一個個夾出雞米花放入空氣炸鍋炸籃裏。

8 空氣炸鍋設置溫度200℃，炸15分鐘即可。

特色

每次吃雞米花都有深深的罪惡感，無油版的獻給你，外酥裏嫩，瞬間光盤，不用再怕自己沒有抵抗力！

烹飪竅門

1 前期雞肉塊一定要醃足夠的時間，炸出來的雞米花才入味。

2 用筷子一個個夾出雞米花可以甩掉多餘的麵包糠。

鮮香濃郁

五香蒜瓣肉

⏱ 1小時
🍽 簡單

無油方案
————
借食物
本身油脂

營養貼士

大蒜含有 17 種氨基酸，其蒜氨酸可以影響脂肪的吸收，降低膽固醇，與五花肉搭配食用，可以減少脂肪的攝入。

主料

豬五花肉…250克　　　蒜頭…4個

輔料

生抽…1湯匙　　　　　辣椒粉…1/2茶匙
料酒…1湯匙　　　　　薑…3克
胡椒粉…2克　　　　　大蔥…40克
孜然粉…1茶匙　　　　鹽…適量

做法

1 薑去皮、切絲；大蔥去皮、切絲。

2 五花肉洗淨，切小塊，加入生抽、料酒、胡椒粉、薑絲、大蔥絲、適量鹽醃製30分鐘。

3 蒜頭去皮，每瓣蒜一切為二。

4 取竹籤，隔一塊五花肉，穿半瓣蒜，每串上有5塊五花肉、5個蒜瓣。

5 電餅鐺預熱，穿好的蒜瓣肉放在下層煎烤，均勻地撒入少許孜然粉、辣椒粉、鹽。

6 其間不停地翻面煎烤，煎至五花肉大部分油脂析出、蒜變軟即可。

🍲 烹飪竅門

五花肉本身含有油脂，利用其本身的油脂煎烤，避免黏鍋還可以析出部分油脂，減少用油量。

特色
美味的五花肉煎出油脂變
得脆嫩油香，蒜頭由清脆
變得綿軟。五花肉不斷地
析出油脂，融進濃郁的蒜
香，無論是配米飯還是單
獨吃，都令你無法抗拒！

混搭出奇蹟
香拌臘腸西蘭花

⏰ 20分鐘
🍽 簡單

無油方案
更換無油調料

營養貼士

西蘭花含有豐富的維他命和礦物質，能為身體提供多種營養元素，經過水煮顏色變得翠綠清爽，在視覺上調動食欲，令人胃口大開。

主料

西蘭花…300克

輔料

紅蘿蔔…半條　　　　　蒜頭…3瓣
熟廣式臘腸…30克　　　白糖…2克
檸檬…1個　　　　　　　鹽…少許
涼拌醬油…2湯匙

做法

1 西蘭花洗淨，切小朵；紅蘿蔔洗淨，切成2厘米見方的丁。
2 西蘭花朵和紅蘿蔔丁分別放入開水中焯燙2分鐘，撈出瀝乾水分。
3 廣式臘腸斜刀切成厚約1毫米的片；蒜頭去皮，搗成蓉；檸檬一切兩半，擠出汁。
4 將檸檬汁、涼拌醬油、蒜蓉、白糖、少許鹽混合調成料汁。
5 把焯好的西蘭花和紅蘿蔔、廣味臘腸片隨意擺入盤中。
6 均勻地淋入料汁，吃時拌勻即可。

🍲 烹飪竅門

如果選擇生的廣式臘腸，要提前上鍋蒸熟，晾涼後再拌。

特色

西蘭花、紅蘿蔔、臘腸的混合香氣盡在這盤中，再「遇上」自己調製的無油料汁，稍微攪拌一下，繽紛的色彩和清新的美味定讓你食欲大開。

鬆軟鮮嫩，繽紛清香

鹹蛋四寶飯

⏲ 40分鐘　無油方案
🍽 簡單　　燜的料理方式

營養貼士

鹹鴨蛋黃富含脂溶性維他命，有助於促進骨骼的生長發育，維持正常視力，清除自由基，延緩衰老。

主料

大米⋯150克

輔料

生鹹鴨蛋黃⋯2個　　紫椰菜⋯30克
紅蘿蔔⋯80克　　　生抽⋯2湯匙
青瓜⋯80克　　　　料酒⋯1湯匙
香葱⋯3棵

做法

1 蒸鍋加適量清水燒開，生鹹鴨蛋黃倒入料酒，放入蒸鍋中蒸熟，再搗碎。
2 大米淘洗淨，加適量清水，在電飯煲內浸泡10分鐘，之後啟動煮飯模式。
3 紅蘿蔔洗淨、去皮、切丁；青瓜洗淨、切丁。
4 紫椰菜洗淨、切碎；香葱洗淨、去根、切碎。
5 待電飯煲內的水快乾時，依次擺入紅蘿蔔丁、青瓜丁、紫椰菜碎、香葱碎，繼續燜煮至熟。
6 最後淋入生抽，加入鴨蛋黃碎，吃時拌勻即可。

🍲 烹飪竅門

1 生鹹蛋黃在蒸的時候加料酒，可以去腥。
2 鹹蛋黃和生抽都有鹹味，無須再加鹽。

特色
新鮮的四寶蔬菜，配上鹹香的鴨蛋黃，與清香的大米攪拌在一起，不管你是做主食還是直接吃，味道真的很好！

一分鐘搞定的雞蛋
無油荷包蛋

 3分鐘　　無油方案
🍽 簡單　　無油烹飪工具

主料
雞蛋2個

輔料
胡椒粉少許｜鹽適量

特色
每次煎荷包蛋油花四濺，一不小心就煎糊了，教你一個小妙招，簡單、快捷、無油，只要1分鐘就搞定。

營養貼士
雞蛋含有人體所需的大部分營養物質，尤其是含有豐富的鐵元素，有美容護膚、光澤肌膚的作用。

做法
1 將雞蛋磕入小碟中，無須打散。
2 用叉子在雞蛋上戳幾下，方便受熱均勻。
3 在雞蛋表層均勻地撒上適量鹽、胡椒粉。
4 將裝有雞蛋的小碟放入微波爐中，調高火力轉1分鐘即可。

🍲 烹飪竅門

1 因微波爐的火力不同，在微波的過程中要隨時關注雞蛋的變化，避免火力太大使荷包蛋變老。
2 如果喜歡多重味道的荷包蛋，可以多加一些調味品。

盡情釋放你的胃
雪梨藜麥粥

⏱ 50分鐘　　無油方案
🍽 簡單　　　煮的料理方式

主料
雪梨80克｜大米20克｜
小米10克｜藜麥15克

輔料
乾桂花1克｜乾百合5克｜
紅棗3顆｜枸杞子10粒

特色
熬煮出來的粥就要一口
一口地品嘗，綿稠香
潤，混合雪梨的清脆，
紅棗枸杞的香甜，桂花
百合的香氣，清晨或者
傍晚來一碗，胃立刻得
到溫暖的撫慰！

做法

1 乾百合提前1小時浸泡在清水中。
2 雪梨洗淨、切薄片；紅棗洗淨、去核、切半；枸杞子
　洗淨。
3 大米、小米、藜麥分別淘洗淨，放入電飯煲中，加入
　雪梨片，倒入適量清水。
4 撈出百合，放入電飯煲內，再依次加入紅棗和枸杞子，
　啟動煮飯模式。
5 待粥煮好後撒入乾桂花拌勻即可。

營養貼士
雪梨水分足，含可溶
性糖分及多種有機酸，
既營養又清涼，清心潤
喉，降火解暑。

🍲 **烹飪竅門**

加水時可以適量多放一
些，粥煮得久才更軟
爛，喝起來更香。

緩解食欲不振

番茄菌菇燉椰菜花

🕐 35分鐘
🍽 簡單

營養貼士

椰菜花的維他命 C 含量很高，低熱量、水分足，可以增強肝臟的解毒能力，提高身體的免疫力，還有助於減肥期增加飽腹感，不發胖。

主料

番茄…200克　　　　　椰菜花…300克

輔料

海鮮菇…30克　　生抽…1湯匙　　鹽…適量
金針菇…30克　　蠔油…1湯匙
鮮香菇…2朵　　　高湯塊…8克

做法

1 番茄洗淨，頂部劃十字，用開水燙一下，撕掉外皮，切成塊；椰菜花洗淨、切小朵。

2 三種菌菇分別去掉根部，洗淨，浸泡在清水中10分鐘。

3 撈出菌菇後瀝乾水分，香菇切片，金針菇和海鮮菇各自一切為二成兩段。

4 不黏鍋加熱，不放油，下入番茄塊炒出湯汁，隨後加入椰菜花翻炒至軟爛。

5 再依次放入三種菌菇、高湯塊，倒入蠔油，淋入生抽，加適量清水，大火煮開，轉小火燉煮5分鐘。

6 然後轉大火收汁，最後加適量鹽調味即可。

🍲 **烹飪竅門**

1 浸泡菌菇的水不要倒掉，可代替清水倒入鍋中。

2 在放入番茄後，如湯汁不夠，易出現糊鍋現象，可以加少許清水或者多加番茄。

特色

酸爽的番茄,脆嫩的椰菜花,
營養的菌菇,在食欲不振時
來一道這樣的無油快炒,色
澤誘人,味美開胃。

米飯國度裏的小清新
時蔬燜飯

🕐 35分鐘　無油方案
🍽 簡單　　燜的料理方式

營養貼士
香菇是高蛋白、低脂肪的菌類食物，其含有的多糖能夠增強人體的抵抗力，減少皮膚細紋和乾裂，延緩人體衰老。

主料
大米…300克

輔料
粟米粒…25克	南瓜…100克	鹽…適量
鮮香菇…2朵	生抽…3湯匙	
青筍…100克	胡椒粉…2克	

做法
1 大米淘洗淨，放在大碗中，加少許清水浸泡10分鐘。
2 粟米粒洗淨；香菇洗淨，去蒂，切丁。
3 青筍、南瓜分別洗淨，去皮，切丁。
4 大米連同浸泡的水倒入電飯煲內，再加入蔬菜丁。
5 向電飯煲內再加適量清水，剛剛沒過蔬菜即可，開啟煮飯模式。
6 待飯燜熟後，淋入生抽，散入胡椒粉和適量鹽拌勻即可。

🍲 烹飪竅門
1 蔬菜丁大小儘量保持一致，這樣熟得比較均勻。
2 電飯煲跳至保溫後，還要繼續燜5分鐘，再加入調味料拌勻。

特色

燜飯在米飯的國度裏佔有一席之地，最方便就是和時蔬搭配在一起，清新的時蔬切兩下就可以放入電飯煲內，簡單快捷，多汁細嫩。

簡單的下飯素菜

番茄燉長茄

⏰ 30分鐘
🍽 簡單

無油方案
借食材水分烹飪
燉的料理方式

營養貼士

長茄含有維他命E，
可有效對抗自由基，
減緩人體衰老，同
時長茄還能降低血
液中的膽固醇。

主料

番茄…2個	紫長茄…2條

輔料

生抽…2湯匙	米醋…1湯匙	香葱…1棵
蠔油…2湯匙	小米椒…2隻	鹽…適量
澱粉…1/2茶匙	薑…2片	
白糖…1/2茶匙	蒜頭…4瓣	

做法

1 番茄洗淨，頂部劃十字，用開水燙一下，去掉表皮，
  切成小塊。

2 紫長茄洗淨，去蒂，切成滾刀塊；小米椒洗淨，去蒂，
  切圈；薑、蒜頭各去皮、切末；香葱洗淨，去根，切末。

3 將生抽、蠔油、米醋、白糖混合，加少許鹽調成料汁。

4 澱粉加適量清水調成澱粉水。

5 平底鍋加熱，不放油，加入薑末、小米椒圈爆香，隨
  後放入2/3的番茄塊炒出湯汁，再放入長茄塊，中火
  翻炒3分鐘。

6 倒入料汁和剩餘番茄塊，加適量清水，大火煮開，轉
  小火燉煮10分鐘。

7 接着淋入澱粉水，調大火收汁，加入蒜末拌勻調味，蓋上鍋蓋，燜煮至蒜出香味。

8 最後再撒入香葱碎調味即可。

特色

先將番茄煮成紅潤的湯泥，借助湯汁省去用油，再下入長茄，經過燉煮變得軟爛濃郁，最後加入蒜末調味出香，這是一道簡單的下飯素菜。

🍲 **烹飪竅門**

1 放入蒜之後要燜煮一下，蒜的香味才能出來。

2 將2/3的番茄塊炒成湯汁，可免去用油，其餘的1/3後入鍋，可以保留塊狀方便食用。

華麗麗的壽司
藜麥果蔬壽司

🕐 1小時
🍽 高級

無油方案
用燜、捲的料理方式

營養貼士

藜麥是全營養鹼性食物，易熟、易消化，鋅元素含量很高，能夠促進身體的發育，提高免疫力。

主料

壽司米…300克　　　　　藜麥…35克

輔料

紅蘿蔔…半條　　　青瓜…半條　　　壽司醬油…3湯匙
雞肉香腸…70克　　壽司醋…2湯匙　　胡椒粉…2克
海苔…4片　　　　　白芝麻…1克　　　鹽…適量

做法

1 壽司米和藜麥淘洗淨，浸泡在電飯煲內10分鐘，然後開啟壽司米飯模式，燜至熟。

2 紅蘿蔔洗淨、去皮、切條；青瓜洗淨、切條；雞肉香腸切條。

3 藜麥壽司飯燜熟後趁熱倒入壽司醋，撒入胡椒粉、白芝麻、適量鹽拌勻，晾涼備用。

4 壽司蓆上鋪一層保鮮膜，放1張海苔在保鮮膜上，再鋪上厚約4毫米的藜麥壽司飯。

5 貼着藜麥壽司飯的下端依次鋪上紅蘿蔔條、青瓜條、雞肉香腸條。

6 將壽司蓆自下而上捲起來，捲得越緊越好。

7 將刀蘸點水，把藜麥壽司卷切成厚約1厘米的段，最後蘸着壽司醬油吃即可。

特色

別再說不會做壽司了，這麼簡單的家常壽司趕快學起來！正常燜米飯的程序加入藜麥，再捲入不同的果蔬肉類，吃起來原汁原味、清香可口、營養豐富。

烹飪竅門

1 選擇黏性比較大的米，藜麥要少放一些，因為藜麥黏性小，不易成形。

2 壽司醋要趁米飯熱的時候放下去，可以增加米飯的黏性。

3 將果蔬條、雞肉香腸條按照實際壽司卷的數量平均分配，根據情況酌情增減。

清新爽口、香氣銷魂

清口烤時蔬

⏰ 1小時　簡單　　無油方案　無油烹飪工具

營養貼士

蘆筍低糖、低脂肪、高膳食纖維，有去油、降脂、減肥的作用。紫洋蔥含有抗氧化劑成分，能清除體內自由基，延緩衰老。

主料

馬鈴薯…120克
紫洋蔥…半個
蘆筍…80克

輔料

聖女果（小番茄）…6顆	紅圓椒…半個
椰菜花…80克	黃圓椒…半個
蘑菇…3個	檸檬…半個
紅蘿蔔…半條	現磨黑胡椒粉…2克
蒜頭…1個	香草鹽…適量

做法

1 馬鈴薯洗淨，切大滾刀塊；洋蔥去皮，十字刀切成四瓣；蘆筍洗淨，每根切三段。

2 聖女果、蘑菇分別洗淨，一切為二；紅蘿蔔洗淨，切滾刀塊；蒜頭橫向一切為二。

3 紅圓椒、黃圓椒洗淨，去籽，縱向切成小塊；椰菜花洗淨，切小朵；半個檸檬榨成檸檬汁。

4 在烤盤上鋪一層烤盤紙，把所有蔬菜和蒜頭一同擺在烤盤紙上，均勻地淋入檸檬汁。

5 烤箱180℃預熱3分鐘，將蔬菜放入烤箱內，180℃上下火烤20分鐘。

6 取出烤盤，將蔬菜翻面，再放回烤箱繼續烤15分鐘，磨入黑胡椒粉，撒入香草鹽即可。

特色

夏日裏，烤時蔬的香氣飄滿整個街頭，令人念念不忘。常在外吃燒烤總歸不健康，憑着記憶加工和進行簡單調味，在家用烤箱料理出熟悉的味道。炎熱的夏季有燒烤和冰鎮啤酒才暢快。

烹飪竅門

1 帶皮蔬菜可以不用去皮，這樣烤出來外焦裏嫩，口感剛好。
2 可以將不同的蔬菜穿在竹籤上，烤後吃起來更方便。
3 烤至蔬菜表層微皺即可，根據烤箱的火力自行調整溫度和時間。

濃香四溢

番茄燴饅頭

⏱ 30分鐘
🍽 簡單

無油方案
借食材水分烹飪

營養貼士

饅頭中含有酵母，酵母發酵後是一種很強的抗氧化物，可以保護肝臟，提高免疫力，還能提高人體對營養物質的吸收和利用。

主料

番茄…2個　　　　　饅頭…1個

輔料

生抽…2湯匙　　　　澱粉…1/2茶匙
番茄醬…1湯匙　　　蒜頭…3瓣
胡椒粉…1克　　　　香葱…1棵
白糖…2克　　　　　鹽…適量

做法

1 番茄洗淨，頂部劃十字，用開水燙一下，撕掉表皮，切成小塊。

2 饅頭切成2厘米見方的塊；蒜頭去皮、切末；香葱洗淨、去根、切碎；澱粉加適量水調成澱粉水。

3 不黏鍋加熱，不放油，加入蒜末煸香，放入番茄塊，中火炒出湯汁。

4 接着加入番茄醬炒勻，再放入饅頭塊、生抽、胡椒粉、白糖、適量鹽，繼續翻炒均勻。

5 然後加200毫升清水，調成大火，煮開後倒入澱粉水收汁。

6 待湯汁濃稠後關火，撒入香葱碎調味即可。

🍲 烹飪竅門

饅頭切成小塊後提前無油煸炒一下，燴出來的饅頭會有焦脆感。

特色

清淡素雅的饅頭柔韌有嚼勁兒，吸飽番茄濃郁的湯汁，酸甜清爽，元氣滿滿，美味的早餐就是它了！

頂飽又開胃

五彩吐司丁

⏰ 50分鐘
🍽 簡單

無油方案
無油烹飪工具
無油調料

營養貼士

蔬菜中有豐富的膳食纖維和維他命，能為身體補充多方面的營養。吐司中的碳水化合物能為身體提供更多的能量。

主料

吐司…3片

輔料

粟米粒…25克
紅蘿蔔…半條
西蘭花…80克
紅圓椒…半個
鮮香菇…2朵
生抽…2湯匙

牛奶…50毫升
雞蛋白…50毫升
胡椒粉…1克
番茄醬…2湯匙
香草鹽…適量

做法

1 吐司切丁；紅蘿蔔洗淨、去皮、切丁；西蘭花洗淨、切小朵；紅圓椒洗淨、去籽、切丁；鮮香菇洗淨、去蒂、切丁。

2 將生抽、牛奶、雞蛋白、胡椒粉、適量香草鹽混合成調味湯汁。

3 烤盤鋪上烤盤紙，先放入吐司丁打底，再依次鋪上準備好的蔬菜。

4 均勻地在蔬菜上淋入調味湯汁。

5 烤箱200℃預熱3分鐘，將放好食材的烤盤放入烤箱內，200℃上下火烤10分鐘左右，待雞蛋定型、表面微焦，蔬菜微微縮水。

6 烤好後取出，均勻地淋入番茄醬即可。

特色

五種不同顏色的蔬菜混搭，
先從視覺上刺激食欲，再加
入香甜的吐司丁，有主食、
有素菜，既頂飽又開胃。

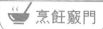 烹飪竅門

儘量選取水分比較少的蔬菜，
烤出來的口感乾爽香脆。

蒸一鍋，全吃掉
糯米素燒賣

⏱ 1小時　　高級

無油方案
蒸的料理方式

營養貼士
糯米含有蛋白質、糖類、鈣、磷、鐵等營養成分，是一種溫和的滋補食材，有補虛補血、健脾養胃的功效。

主料
糯米…300克
餃子皮…150克

輔料
袋裝冬筍…150克
粟米粒…30克
香葱…1棵
生抽…2湯匙
蠔油…2湯匙
五香粉…2克
鹽…適量

做法
1 糯米淘洗淨，提前浸泡一兩個小時。
2 蒸鍋中加適量清水燒開，蒸屜上鋪好蒸布，再將糯米攤在蒸布上，上鍋大火蒸熟。
3 冬筍和粟米粒分別放入開水中焯熟。
4 焯好的冬筍切丁；香葱洗淨，去根，切碎。
5 將熟糯米、冬筍丁、粟米粒、香葱碎放入同一容器中，加生抽、蠔油、五香粉、適量鹽攪拌均勻成餡料。
6 取適量拌好的餡料放入餃子皮中，包成燒賣，然後放入蒸鍋中，大火蒸8分鐘即可。

🍲 烹飪竅門
1 包燒賣的餡料要比平時包餃子的餡料多一些。
2 市售的餃子皮偏厚，使用前可以再擀薄、擀大一些，如果時間充足可以自己做燒賣皮。

特色
晚上不吃點飯總覺得睡不踏實，吃太多肉又影響健康，來份素燒賣咋樣？香糯爽嫩，健脾養胃，其實早上吃也可以啦！

吃再多也沒負擔

烤藍莓燕麥

⏲ 40分鐘　🍽 簡單

無油方案
無油烹飪工具

主料

即食燕麥片…50克　　牛奶…200毫升
藍莓…25粒

輔料

雞蛋…1個　　　　　白糖…1/2茶匙
牛油果…1個　　　　酸奶…30毫升
混合堅果碎…20克　　鹽…少許

做法

1 藍莓洗淨；牛油果去殼、去核、切小丁。
2 將即食燕麥和牛奶混合，放入耐高溫的容器中，磕入雞蛋，加入白糖、少許鹽攪拌均勻成燕麥糊。
3 向燕麥糊中隨意擺入牛油果丁和混合堅果碎。
4 在最表層擺入藍莓，放入烤盤中。
5 烤箱200℃預熱3分鐘，將烤盤推入烤箱內，上下火200℃烤20分鐘。
6 取出後，在表層均勻地淋入酸奶即可。

🍲 **烹飪竅門**

1 可以先放即食燕麥，再邊倒牛奶邊攪拌，調成糊狀，避免倒入過多牛奶使燕麥糊太稀。
2 用椰蓉或者肉鬆替換酸奶也不錯。
3 烤好後取出檢查一下是否熟透，如果火力不夠，再放入烤箱內烤幾分鐘。

特色

別看即食燕麥片相貌平平，
浸入了濃濃的奶香味，入
口的剎那是酥軟的，後面
嚼起來又有堅果的酥脆，
令人捨不得吃又吃不夠。

湯中的婉約派

鷹嘴豆蔬菜湯

⏰ 40分鐘
🍽 簡單

無油方案
煮的料理方式

營養貼士

鷹嘴豆的營養成分遠超於其他豆類，含有人體必需但自身不能合成的8種氨基酸，對兒童智力發育、骨骼生長都有不可低估的促進作用。

主料

鷹嘴豆…30克

輔料

菠菜…30克
紅蘿蔔…半條
鮮香菇…1朵
番茄…80克

雞蛋…1個
高湯塊…4克
鹽…適量

做法

1. 鷹嘴豆洗淨，提前一晚浸泡在清水中。
2. 菠菜洗淨，切成長約3厘米的段；紅蘿蔔洗淨，去皮，切成厚約1毫米的片。
3. 鮮香菇和番茄分別洗淨，切成厚約1毫米的片。
4. 雞蛋打散成雞蛋液。
5. 撈出浸泡好的鷹嘴豆，放入砂鍋中，加入高湯塊，倒入適量清水，大火煮開後轉中火熬煮15分鐘。
6. 隨後放入香菇片和紅蘿蔔片，中火繼續煮10分鐘，再下入番茄片和菠菜段，煮2分鐘。
7. 然後均勻地淋入雞蛋液，形成蛋花。
8. 關火前撒入適量鹽調味即可。

特色

繽紛的色彩下隱藏着豐富
的營養，喝到嘴裏時混合
着食材的香氣，很是誘人，
綿軟的鷹嘴豆給這道湯增
加了一份口感上的享受。

烹飪竅門

鷹嘴豆需提前一天浸泡，
更容易煮熟，也能更好地
入味。

四川經典小吃
狼牙馬鈴薯條

🕐 30分鐘　簡單

無油方案
無油烹飪工具

主料

馬鈴薯…400克

輔料

綠豆芽…25克	米醋…2湯匙	蒜頭…4瓣
香葱…1條	蠔油…2茶匙	花生碎…1茶匙
芫茜…1棵	胡椒粉…1/2茶匙	白芝麻…2克
生抽…2湯匙	辣椒粉…1克	鹽…適量

做法

1 馬鈴薯洗淨、去皮，用狼牙刀切成長條，在清水裏浸泡10分鐘。

2 香葱、芫茜分別洗淨，去根、切碎；蒜頭去皮、搗成泥。

3 綠豆芽放在開水中焯燙1分鐘，撈出瀝乾水分。

4 將生抽、米醋、蠔油、蒜泥、適量鹽，加少許清水混合調成料汁。

5 撈出馬鈴薯條，瀝乾水分，放入空氣炸鍋的炸籃中，設置溫度200℃炸10分鐘。

6 盛出炸好的馬鈴薯條，倒入料汁，依次放入剩餘材料拌勻即可。

🍲 **烹飪竅門**

原本要過油的馬鈴薯條，放在空氣炸鍋中烹飪，無須一滴油，利用高速熱空氣循環技術，可以減少油脂的攝入。

特色

用狼牙刀將馬鈴薯條切成
波浪形，口感可爽脆可軟
糯，再佐上濃香的調味料，
飄香四溢，美味十足，吃
着很過癮！

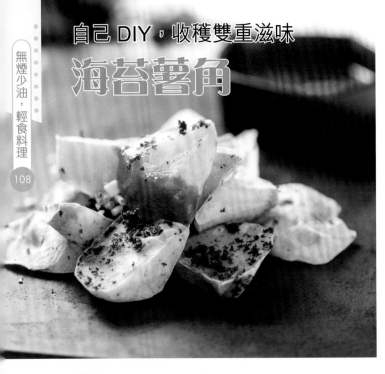

自己 DIY，收穫雙重滋味

海苔薯角

⏱ 30分鐘　　無油方案
🔔 簡單　　　無油烹飪工具

主料
馬鈴薯400克｜海苔2片

輔料
香葱1棵｜番茄醬3湯匙｜
鹽少許

特色
不要只吃油炸薯條啦！
換個形狀將馬鈴薯滾刀
切成三角形或者多角形，
不用油也可炸得脆嫩，
再撒點海苔碎，一口咬
下去，收穫雙重滋味！

做法

1 馬鈴薯洗淨、去皮，切大滾刀塊，浸泡在清水中10分鐘，去除部分澱粉。
2 海苔碾碎；香葱洗淨、去根、切碎。
3 撈出馬鈴薯塊，瀝乾水分，放入空氣炸鍋的炸籃中，設置溫度200℃炸10分鐘。
4 取出炸好的薯角，放在較大的容器中，趁熱撒入少許鹽調味，用筷子攪拌使其均勻入味。
5 再倒入海苔碎繼續攪勻，裝入盤中。
6 最後撒入香葱碎調味，蘸着番茄醬食用即可。

營養貼士
馬鈴薯的營養價值很
高，包括人體不能合成
的多種必需氨基酸，能
為人體生命活動提供能
量，還可以修復和更新
體內受損的細胞。

烹飪竅門

用做法的溫度及時間，
炸出的薯角外微焦裏稍
軟。根據不同空氣炸鍋
的火力，喜歡吃外脆裏
軟的，可以將時間多設
定幾分鐘。

告別膨化食品
微波雙薯片

⏱ 30分鐘　　無油方案
🍽 簡單　　　無油烹飪工具

主料
馬鈴薯200克
番薯200克

輔料
鹽適量

特色
薯片上癮中！濃香酥脆的薯片在家做毫不費力，把馬鈴薯和番薯切成薄薄的片，放入微波爐中一轉就成了，以後熬夜再也不用吃膨化食品抗餓提神了，自己做的薯片衛生又健康。

營養貼士
番薯富含膳食纖維、多種維他命、微量元素等，營養價值很高，是低脂肪、低熱量食物。

做法
1 馬鈴薯和番薯分別洗淨、去皮，切成薄片。
2 將兩種切好的薯片浸泡在清水裏15分鐘，去除部分澱粉，泡好後撈出，瀝乾水分，撒適量鹽拌勻。
3 然後平鋪在耐高溫的盤中。
4 放入微波爐，調小火力轉4分鐘，再取出來翻面，放回微波爐，小火力繼續轉3分鐘即可。

🍲 烹飪竅門
1 不要放太多的調味品，原味就很好吃。
2 儘量切得薄一些，越薄越香脆。

為瘦身忙碌人士而生
果蔬藜麥沙律

⏱ 25分鐘
🍽 簡單

無油方案
更換無油調料

主料
藜麥…30克

輔料

牛油果…1個	紫椰菜…20克	檸檬…2個
蘋果…1個	紅蘿蔔…半條	白糖…1/2茶匙
香蕉…半條	紫洋葱…10克	鹽…適量
生菜葉…1片	青瓜…半條	

做法

1 藜麥淘洗淨，放入開水中氽煮10分鐘，撈出後瀝乾水分。

2 牛油果去殼、去核，紅蘿蔔洗淨、去皮，分別切成約2厘米見方的塊。

3 蘋果洗淨、去皮、去核，香蕉去皮，青瓜洗淨，分別切成厚約2毫米的片。

4 紫洋葱去皮、切絲；生菜葉、紫椰菜洗淨，撕成小塊；檸檬切開，擠出檸檬汁。

5 將檸檬汁、白糖、適量鹽混合調成料汁。

6 將藜麥和備好的果蔬食材隨意地擺入盤中，然後均勻地淋入檸檬料汁，吃時拌勻即可。

🍲 烹飪竅門

自製調料以檸檬汁為主，加入白糖和鹽，不僅美味，又可以減少油量的攝入。

四季皆宜
椰菜沙律

⏱ 10分鐘　　無油方案
🍽 簡單　　　更換無油調料

主料
椰菜200克

輔料
熟白煮蛋1個｜紫椰菜60克｜青瓜半條｜聖女果（小番茄）6顆｜蘋果醋2湯匙

特色
清爽的蔬菜搭配在一起，秒殺一切，加點清淡的調味汁，既適合炎熱的夏季解暑開胃，又適合冬季清火解膩，還適合春秋季溫潤舒心。

營養貼士
椰菜富含維他命C和多種礦物質，即使烹製後維他命C含量也頗高，有助於提高身體免疫力。

做法
1 椰菜和紫椰菜分別洗淨，瀝乾水分，切成細絲。
2 熟白煮蛋橫向切成厚約3毫米的片；青瓜洗淨，切厚約3毫米的片。
3 聖女果洗淨，瀝乾水分，十字刀切成四瓣。
4 將所有食材隨意擺入盤中，均勻地淋入蘋果醋，吃時拌勻即可。

 烹飪竅門

可以添加雞胸肉或吞拿魚等低脂食材一起拌勻食用，儘量不要選取罐頭類食材。

第三章

無煙少煙派

根本停不下口

咖喱牛肉乾

⏱ 40分鐘
🍽 簡單

無煙無油方案
無煙無油烹飪工具

營養貼士

牛腿肉高蛋白、低脂肪，含有多種氨基酸，易消化吸收，有助於增強身體抵抗力，也能為身體提供充足的能量。

主料

牛腿肉…500克

輔料

咖喱粉…25克
紅酒…4湯匙
白糖…1茶匙
黑胡椒粉…1/2茶匙
生抽…4湯匙

老抽…1湯匙
料酒…3湯匙
薑…3克
鹽…適量

做法

1 牛腿肉洗淨，泡出血水，瀝乾水分，切成長約10厘米、寬約1.5厘米的長條。

2 薑去皮、切絲。

3 牛肉條中加紅酒、白糖、黑胡椒粉、生抽、老抽、料酒、薑絲、適量鹽抓勻，蓋好保鮮膜，放在冰箱醃製一夜。

4 第二天取出牛肉條，擺在墊好烤盤紙的烤盤上，醃牛肉的料汁不要倒掉。

5 將擺好牛肉條的烤盤放入烤箱，設置200℃，上下火烤40分鐘左右，其間注意翻面，以牛肉九分熟為準。

6 取出後待牛肉條晾涼，再放回醃製牛肉條的料汁中攪拌，加入咖喱粉拌勻。

7 然後將沾滿咖喱粉的牛肉條放回烤盤，推進烤箱，設置200℃繼續烤8分鐘，至表面水分烤乾即可。

特色

愛吃咖喱口味的孩子們有福啦！呈上自製咖喱休閒食品，先經過多重調味品的醃製，再掛上咖喱粉，聞着濃郁鮮香，吃着韌勁十足。

 烹飪竅門

1 牛肉條反復蘸取料汁，味道會更濃郁。
2 烤牛肉條的過程中可以取出多翻幾次面，烤出的牛肉條軟硬度更均勻。

熟軟醇厚、鮮香可口

牛腩燜山藥

⏰ 1小時30分鐘
🔔 簡單

無煙無油方案
菜多肉少
燜的料理方式

營養貼士
牛腩含有豐富的礦物質和維他命B雜，能促進新陳代謝，增強體質。

主料

牛腩…300克　　　　　　山藥…250克

輔料

紅蘿蔔…半條	八角…2顆	薑…5克
柱侯醬…2湯匙	草果…1個	香葱…3棵
生抽…2湯匙	陳皮…5克	芫茜…1棵
料酒…2湯匙	桂皮…5克	鹽…適量
乾辣椒…2隻	白糖…1/2茶匙	

做法

1 牛腩洗淨，切小塊，放在開水中汆煮5分鐘，撈出沖去血沫，瀝乾水分。

2 山藥、紅蘿蔔洗淨，去皮，切滾刀塊。

3 薑去皮、拍扁；香葱洗淨、去根、打成結；芫茜洗淨、切末。

4 電飯煲內放入牛腩塊、薑塊、香葱結、柱侯醬、生抽、料酒、乾辣椒、八角、草果、陳皮、桂皮、白糖，加適量開水，啟動煮飯模式。

5 待電飯煲內的湯汁剩餘1/3時，下入山藥塊和紅蘿蔔塊，再加適量鹽，繼續燜煮至湯汁濃稠。

6 將烹飪好的食材盛出，撒入芫茜碎調味即可。

🍲 **烹飪竅門**

1 牛腩要滾開水下鍋汆煮，也要用溫熱水沖去血沫，避免接觸冷水令肉質發緊。

2 牛腩要燉1小時以上才能軟爛，所以加滾開水時多加一點。

特色

來塊牛腩，搭配山藥和紅蘿蔔，有肉有菜，吃着過癮。牛腩醃製入味，放入鍋中慢燉至濃郁軟爛，再放入蔬菜，煮至口感綿軟，聞着噴香，吃着下飯。

香甜鬆軟
快手紅燒肉

⏰ 1小時
🍽 簡單

無煙無油方案
無煙烹飪工具
處理高油食材

主料
豬五花肉500克

輔料
生抽3湯匙｜料酒3湯匙｜老抽2湯匙｜冰糖20克｜乾辣椒1隻｜八角2顆｜香葉2片｜桂皮2克｜鹽適量

特色
繼各類肉食之後，五花肉可謂「技壓群雄」。先將五花肉放烤箱裏逼出多餘的油脂，再用高壓鍋中壓至軟嫩，成品肥而不膩，入口即化，忍不住一塊接一塊地吃光。

營養貼士
五花肉含有優質蛋白質和較多的維他命 B_1，能維持身體機能的正常活動，促進體內糖分的新陳代謝。

做法
1 五花肉洗淨，瀝乾水分，切成2厘米見方的塊。
2 在五花肉上撒點鹽，醃10分鐘，再用牙籤扎透切好的五花肉。
3 將五花肉放入烤箱的烤架內，烤箱調200℃上下火烤15分鐘，烤架下放個烤盤，方便接滴出的油。
4 烤好的五花肉放入電壓力鍋內，依次加入輔料中的調味品，蓋好鍋蓋，使電壓力鍋處於密封狀態，調到肉類模式自動烹熟即可。

1

2

3

4

🥄 烹飪竅門
1 用牙籤在五花肉上扎小孔，方便烘烤時流出更多的油分。
2 用烤箱烘烤五花肉，析出的油脂直接滴在烤盤中，不會再次接觸肉塊，這樣油分析出得更徹底。

酸甜中帶着肉香
檸檬香排

🕐 1小時　無煙無油方案
🔔 簡單　無煙無油烹飪工具

主料
豬排骨500克｜檸檬4個

輔料
生抽3湯匙｜料酒3湯匙｜
蜂蜜4湯匙｜現磨黑胡椒
碎1克｜香草鹽適量

特色
檸檬不管與肉類還是蔬
菜都很搭配，淡淡酸
甜、幽幽清香，能遮蓋
排骨的部分腥氣，酸爽
的香氣滲入排骨中，令
人垂涎三尺，忍不住趕
緊做起來吧。

營養貼士
檸檬含有豐富的維他
命C，能維持人體正常
的生理機能，增強身體
抵抗力。

做法
1 取3個檸檬榨汁，1個檸檬切薄片。
2 豬排骨洗淨，切小塊，加入生抽、料酒、蜂蜜、檸檬汁、
　香草鹽醃製2小時。
3 取一半檸檬片，橫向鋪在烤盤底層，在檸檬片上擺好排
　骨塊，再蓋上剩餘的檸檬片。
4 將排骨塊放入烤箱內，調200℃上下火烤25分鐘。
5 取出翻面，再放回烤箱繼續烤20分鐘。
6 烤好的檸檬香排擺入盤中，均勻磨入黑胡椒碎即可。

🍲 烹飪竅門

1 取出排骨翻面時，還
要再將上層的檸檬片蓋
回排骨上。
2 如果覺得檸檬太酸，
可以減少檸檬用量，在
排骨翻面時刷一層蜂蜜。

啃着吃才香
錫紙包排骨

 1小時20分鐘
中級

無煙無油方案
無煙無油烹飪工具
菜多肉少

營養貼士

豬排骨中含有大量的磷酸鈣、骨膠原，有助於促進人體骨骼的發育，維持強健的骨骼。

主料

豬排骨…400克

輔料

馬鈴薯…80克	料酒…3湯匙	白芝麻…2克
青筍…80克	老抽…1湯匙	薑…3克
紅蘿蔔…60克	白糖…1/2茶匙	蒜頭…1個
紅米椒…3隻	檸檬汁…1/2茶匙	香葱…1棵
青米椒…3隻	孜然粉…2克	鹽…適量
生抽…3湯匙	椒鹽粉…2克	

做法

1 豬排骨斬小塊，洗淨，加入生抽、料酒、老抽、白糖、檸檬汁、適量鹽醃製2小時。

2 馬鈴薯、青筍、紅蘿蔔分別去皮，洗淨，切滾刀塊。

3 薑、蒜分別去皮、切末；香葱洗淨、切碎；青紅米椒洗淨，去蒂、切圈。

4 取一塊適量大小的錫紙鋪在烤盤中，將醃好的排骨塊放在錫紙上。

5 再依次加入馬鈴薯塊、青筍塊、紅蘿蔔塊、薑末、蒜末、青紅米椒圈，撒入孜然粉、椒鹽粉、白芝麻和少許鹽。

6 再將食材和調味料一同抓勻，將錫紙包裹起來固定。

7 把包裹着錫紙的食材放入烤箱內，上下火200℃烤30分鐘，然後取出，翻面，攪拌。

8 再放回烤箱繼續烤30分鐘，烤好後打開錫紙，撒入香葱碎調味即可。

特色

想到吃肉，首選就是排骨，煲湯、紅燒、糖醋、醬汁……想變個花樣？試試和幾種不同的蔬菜包在錫紙中，加入多種調味品，用烤箱烤至骨香濃郁，吃起來頗有意境。

烹飪竅門

1 排骨要選擇瘦多肥少的，油脂比較少，但不要全瘦，否則烤出來的肉質發乾。

2 醃製排骨的時間越久越入味，可以提前隔夜醃製，放在冰箱裏冷藏。

香糯黏滑、鮮香十足

糯米豆豉蒸排骨

⏱ 50分鐘
🍚 中級

無煙無油方案

無煙無油烹飪工具

營養貼士

糯米營養豐富，含有蛋白質及多種礦物質元素，是一種溫補的食物，有助於健脾養胃，調節食欲不振。

主料

豬排骨…300克
糯米…40克

輔料

乾豆豉…25克　　青椒…20克　　胡椒粉…1/2茶匙
生抽…3湯匙　　香葱…1棵　　香草鹽…適量
料酒…3湯匙　　紅蘿蔔…2克
蜂蜜…2湯匙　　檸檬汁…2克

做法

1 糯米洗淨，提前隔夜浸泡。

2 豬排骨洗淨，斬塊，加入生抽、料酒、蜂蜜、檸檬汁、胡椒粉拌勻，蓋好保鮮膜，放冰箱冷藏醃製一夜。

3 第二天，將糯米平攤在蒸布上，大火隔水蒸熟，搗散。

4 青椒洗淨、切末；紅蘿蔔洗淨、去皮、切末；香葱洗淨、去根、切碎。

5 在熟糯米中加入青椒末、紅蘿蔔末、乾豆豉、適量香草鹽攪拌均勻。

6 取適量拌好的糯米，包裹住每塊排骨，按緊壓實。

7 將包好糯米的排骨放入已燒開水的蒸鍋中，蒸30分鐘，取出後撒入香葱碎調味即可。

🍲 烹飪竅門

乾豆豉提前搗碎一些，和糯米放在一起更容易捏成形。

特色

清香綿軟的糯米混合豆豉的香氣，一口咬下去，露出鮮嫩的排骨肉。排骨因為有糯米的包裹才能鎖住肉中的水分，吃起來更細嫩，一塊接一塊，不用再搭配任何主食。

葷素結合一鍋燴

豇豆鹹肉燜飯

 40分鐘
簡單

無煙無油方案

無煙烹飪工具
借食物本身油脂

營養貼士

豇豆能提供多種維他命和微量元素，與鹹肉搭配在一起，不僅能補充人體所需的營養元素，還可以提供充足的能量。

主料

大米…300克
豇豆…100克

鹹肉…80克

輔料

紅蘿蔔…20克
生抽…1湯匙

料酒…1湯匙
香葱…1條

做法

1 大米淘洗淨，加適量清水浸泡在電飯煲內10分鐘，然後開啟煮飯模式。

2 在燜飯時，將鹹肉切薄片；豇豆洗淨、切丁；紅蘿蔔洗淨、去皮、切丁、香葱洗淨、去根、切碎。

3 無煙鍋加熱，不放油，放入鹹肉片，煏至釋出油脂，盛出備用。

4 無煙鍋中乾煏鹹肉的油留用，放入豇豆丁和紅蘿蔔丁炒熟。

5 待電飯煲內水分快乾時，圍繞米飯邊緣擺好鹹肉片，再依次放入炒熟的豇豆丁和紅蘿蔔丁。

6 蓋好鍋蓋，繼續燜煮至熟，最後淋入生抽和料酒，撒入香葱碎調味，吃時拌勻即可。

烹飪竅門

1 選瘦肉多肥肉少的鹹肉，在選材上減少油脂，還可以借用少量油脂來烹飪，減少用油。

2 如果豇豆不易熟，可以提前焯水。

3 在主食中加入一些粗糧，可以抑制對油量的吸收。

4 在乾煏鹹肉時要控制火力和溫度，減少油煙的產生。

特色

細長脆嫩的豇豆切丁，色
澤紅潤的鹹肉切片，二者
搭配在一起，和米飯混合
燜熟，淋點調味品，有肉
有菜，輕鬆搞定一餐。

齒頰留香

鵝肝鬆餅

⏰ 40分鐘
🔔 高級

少煙少油方案

少煙烹飪工具、吸油工具、借食物本身油脂

營養貼士

經常吃鵝肝能補充維他命 A，可防止眼睛乾澀、疲勞，維持健康的膚色，有助於健美皮膚。

主料

麵粉⋯150克　　　　鵝肝⋯100克

輔料

酸奶⋯200毫升　　　甜辣醬⋯1湯匙
雞蛋⋯1個　　　　　木魚花⋯8片
蜂蜜⋯3湯匙　　　　香葱⋯1棵
酵母粉⋯2克　　　　橄欖油⋯少許
黑胡椒粉⋯1克　　　鹽⋯適量

做法

1 麵粉中加入酵母粉、少許鹽，磕入雞蛋，倒入酸奶和蜂蜜混合調成麵糊，靜置10分鐘。

2 香葱洗淨，去根，切碎。

3 鵝肝放入開水中焯燙至變色，撈出後瀝乾水分，用吸油紙吸掉鵝肝表層的油分待用。

4 無煙鍋加熱，塗一層橄欖油，倒入適量麵糊，小火煎至表面凝固後，翻面再煎1分鐘成鬆餅，盛出。

5 無煙鍋不放油，下入鵝肝，小火煎每面不超過1分鐘，然後均勻地撒入黑胡椒粉和適量鹽。

6 煎好的鵝肝放在鬆餅上面，撒上木魚花和香葱碎，淋入甜辣醬調味即可。

🍲 烹飪竅門

1 煎鵝肝的時候可以在旁邊放一塊蘋果或者香梨一同煎，以吸取鵝肝的油脂。

2 煎鵝肝的時間不要太長，小火煎出油脂時口感最好。

特色

香嫩的鬆餅配上鮮美的鵝
肝,入口即化,香到胃底。
鵝肝在烹飪過程中也會去除
部分油脂,吃起來不油膩。

茶香濃郁、肉質鬆嫩

茶香雞

🕐 2小時
🍽 高級

無煙無油方案
燉的料理方式減
油低脂食材

營養貼士

山藥富含多種營養物
質，其澱粉酶有助於促
進腸胃的消化吸收；白
蘿蔔含有維他命C和多
種微量元素，能增強身
體機能，提高免疫力。

主料

三黃雞…1隻
山藥…100克

白蘿蔔…100克

輔料

花茶…10克	八角…3顆	香葱…6棵
生抽、料酒…各5湯匙	香葉…3片	蒜頭…5瓣
米酒…2湯匙	陳皮…5克	乾辣椒…2隻
桂皮、花椒…各5克	薑…10克	鹽…適量

做法

1 三黃雞洗淨，斬掉雞頭和雞尾，用適量鹽均勻地揉搓
10分鐘。

2 薑去皮、切片；香葱洗淨、去根、打結。

3 將花茶、生抽、料酒、米酒、八角、桂皮、花椒、香葉、
陳皮、5克薑片、3棵香葱結放入容器中。

4 向容器中倒入適量沸水，沏出香味成湯汁，靜置晾涼。

5 將三黃雞放入湯汁中醃製3小時，中間翻兩次面。

6 山藥洗淨，去皮，斜刀切片，沖掉部分黏液；白蘿蔔
洗淨，切片；蒜頭去皮。

7 將山藥片、白蘿蔔片、蒜瓣鋪在砂鍋鍋底，再把醃製
好的三黃雞連同湯汁倒入砂鍋中。

8 接着放入剩餘的薑片、香葱結、乾辣椒，加適量鹽，倒入適量清水，大火煮開，轉小火
燉煮1.5小時，關火即可。

特色

肉質鮮嫩的三黃雞經過花茶的浸泡醃製,再用小火慢燉,花茶的香氣逐漸「深入骨髓」,成品色澤油亮,鬆嫩可口。有了茶香雞,就先把減肥的事情放一邊吧!

烹飪竅門

1 用花茶燉煮出的茶香雞有淡淡的花香味。
2 在用鹽揉搓三黃雞時,表皮和內臟都要搓得均勻會更加入味。

好吃下飯就是它
剁椒雞胗

⏱ 50分鐘
👤 簡單

少煙少油方案
少煙烹飪工具
借用湯汁減油

營養貼士
雞胗含有胃激素、角蛋白氨基酸等成分，能增強腸胃的消化能力，健脾開胃。

主料
雞胗…350克　　　　　剁椒…20克

輔料
青椒…30克	老抽…1茶匙	蒜頭…6瓣
紅椒…30克	料酒…3湯匙	香蔥…1棵
高湯塊…4克	花椒…3克	橄欖油…少許
生抽…3湯匙	薑…3克	鹽…少許

做法
1 青椒、紅椒洗淨，去籽、去蒂、切絲；薑去皮、切末；蒜去皮、切片；香蔥洗淨，去根、切碎。
2 雞胗洗淨，切薄片，加1湯匙生抽、老抽、料酒、薑末醃製30分鐘。
3 高湯塊加40毫升開水溶化成高湯汁。
4 無煙鍋加熱，刷一層橄欖油，放入蒜片、花椒、香蔥碎炒香，淋入高湯汁。
5 再下入醃製好的雞胗片和剁椒，大火爆炒至斷生，淋入剩餘生抽。
6 接着放入青紅椒絲，繼續炒2分鐘，最後加少許鹽調味即可。

🍲 烹飪竅門
1 加入蔥蒜、花椒炒香後，如果不乾鍋，可以後淋高湯汁。
2 剁椒和其他調味料本身有鹹味，後面只加少許鹽即可。

特色

雞胗有嚼勁，剁椒辛辣下飯，還可以遮蓋雞胗的部分腥味，再有青椒、紅椒的加入，不僅色彩繽紛，還能增添多重風味，不知不覺能多吃幾碗米飯。

挑逗你的味蕾

檸檬雞爪

⏱ 30分鐘　　無煙無油方案
🍲 簡單　　　先煮後醃

營養貼士

雞爪富含鈣質和膠原蛋白，能增強皮膚彈性，延緩衰老。檸檬含有豐富的維他命 C，有美白的作用。這道檸檬雞爪有美容駐顏的功效。

主料

雞爪…500克

輔料

檸檬…3個	青米椒…5隻	花椒…3克
生抽…5湯匙	蒜頭…3個	薑…3克
料酒…5湯匙	白糖…5克	鹽…適量
蜂蜜…3湯匙	香葱…5棵	
紅米椒…5隻	八角…2顆	

做法

1 青紅米椒洗淨，去蒂，切圈；蒜頭去皮，切末；薑去皮，切片。

2 香葱洗淨，切碎；檸檬用鹽搓洗乾淨，去皮，切成薄片。

3 雞爪洗淨，剪去趾甲，對半斬開，加薑片、2湯匙料酒，入鍋大火煮20分鐘，取出後用冷水沖淨，自然涼透。

4 湯鍋中放入除雞爪以外的剩餘材料，加適量純淨水，大火煮開成料汁，關火後自然冷卻。

5 冷卻好的料汁倒入密封罐中。

6 將已涼透的雞爪放入裝有料汁的密封罐中，放入冰箱冷藏8小時以上即可食用。

🍲 烹飪竅門

1 醃製時料汁要完全覆蓋住雞爪。

2 檸檬要去掉皮，否則口感會發苦。

特色

白潤鮮嫩的外表，脆嫩酸甜的口感，無須太多的烹飪步驟，只需將主料浸入料汁中，經過一段時間的浸泡，便是一道美味的下酒菜。

元氣滿滿

雜糧炒飯

50分鐘
簡單

少煙少油方案
控制火力減油煙
借用湯汁減油量

營養貼士

雜糧口感醇香，營養均衡，富含多種微量元素及膳食纖維，能促進體內垃圾的排出，調節腸胃功能；果蔬丁含有豐富的維他命，與雜糧一同炒飯，能為人體提供全面的營養元素。

主料

雜糧飯…100克

輔料

雞胸肉…40克	鮮香菇…1朵
蘆筍…2條	高湯塊…5克
熟粟米粒…10克	生抽…2湯匙
熟青豆…10克	料酒…1湯匙
紅蘿蔔…半條	胡椒粉…1克
牛油果…半個	橄欖油…少許
紫洋蔥…10克	鹽…適量

做法

1 雞胸肉洗淨，切成小塊，加入1湯匙生抽、料酒、胡椒粉、適量鹽醃製20分鐘。

2 高湯塊加少許開水溶化，調成高湯汁。

3 蘆筍洗淨，去根，切丁；紅蘿蔔洗淨，去皮，切丁；牛油果去殼，去核，切小丁。

4 紫洋蔥去皮，切丁；鮮香菇洗淨，去蒂，切丁。

5 無煙鍋加熱，刷一層橄欖油，下入雞胸肉，中火炒至變色。

6 隨後放入蔬菜丁和牛油果丁，中小火翻炒3分鐘，淋入高湯汁。

7 再倒入雜糧飯炒勻，淋入剩餘生抽，加適量鹽調味炒勻即可。

特色

看着材料複雜，其實非常簡單，只需要一碗雜糧飯，再將果蔬切丁，利用高湯汁來翻炒果蔬，增添香氣之餘還可避免炒焦，一舉多得。這樣一碗雜糧炒飯，滿滿的都是營養。

烹飪竅門

1 雜糧飯可以用大米、小米、糙米、黑米、燕麥米、糯米等提前蒸好。

2 因是少油烹飪，全程保持中火以下，可以減少油煙的產生。

滿滿少女心

燕麥慕斯早餐杯

⏱ 20分鐘　🍽 簡單　　無煙無油方案　無煙無油烹飪工具

營養貼士

草莓含有多種維他命、果膠和膳食纖維，易被人體消化吸收，與飽腹感較強的燕麥片搭配在一起，還有助於降糖減脂。

主料

即食燕麥片…30克　　草莓…100克

輔料

香蕉…半條　　　　　椰子水…80毫升
奇異果…半個　　　　混合堅果碎…10克
紅蘿蔔…20克　　　　蜂蜜…適量
酸奶…200毫升

做法

1 草莓洗淨、去蒂，取2顆草莓縱向切片，貼在玻璃杯壁上。
2 即食燕麥浸泡在酸奶中。
3 香蕉去皮、切段；奇異果去皮、切塊；紅蘿蔔去皮、切塊。
4 將果蔬塊放入破壁機中，倒入椰子水，加適量蜂蜜，啟動破壁機打成果蔬糊。
5 果蔬糊與酸奶燕麥交替倒入玻璃杯中。
6 最後撒入混合堅果碎即可。

🍲 烹飪竅門

可根據自己的喜好更換果蔬種類。

特色

幾種不同的水果打出漂亮
的果泥，再與酸奶燕麥片
交替混合，以草莓片和堅
果碎做點綴，美好的清晨
來一杯漂亮的慕斯杯，一
整天能量滿滿！

清新爽口又管飽
全素三文治

 15分鐘 簡單

無煙無油方案
無煙無油烹飪工具

營養貼士

紫椰菜中富含膳食纖維，能增強腸胃功能，促進腸胃蠕動，燃燒體內的脂肪，特別有助於減肥。

主料

吐司…4片

輔料

牛油果…半個
蜂蜜…3湯匙
草莓果醬…3湯匙
檸檬汁…3毫升

番茄…4片
紫椰菜…20克
黑胡椒粉…適量
鹽…適量

做法

1 牛油果去核、去殼，切成塊，加入蜂蜜、黑胡椒粉、檸檬汁、適量鹽搗成泥。

2 紫椰菜洗淨，切細絲。

3 預熱三文治機，將2片吐司放在三文治機下烤盤，左右各一片，再在兩片吐司上分別塗抹一層草莓果醬和牛油果泥。

4 然後依次各鋪上2片番茄片和10克紫椰菜絲。

5 最後分別放上剩餘的2片吐司，蓋好三文治機的上烤盤，待其自然烤好即可。

烹飪竅門

用草莓果醬和自製牛油果泥代替高油脂的沙律醬、千島醬等，可減少油脂攝入。

特色

綿軟的吐司片塗抹上果醬
和果泥，包裹着爽口的蔬
菜，咬一口，蔬菜被擠出
來，嚼在嘴裏咯吱清脆，
超級滿足。

黑的才健康
黑米煎餅

⏱ 20分鐘
🍽 簡單

無煙少油方案
無煙烹飪工具刷油代替倒油

營養貼士

黑米口感香醇，營養價值高，之所以與其他米的顏色不同，是因為它含有豐富的花青素。花青素有清除自由基、延緩衰老的作用。

主料

黑米粉…40克　　　麵粉…30克

輔料

雞蛋…1個　　　　　青瓜…20克
香葱…1棵　　　　　生菜葉…1克
芫茜…1棵　　　　　橄欖油…少許
吐司片…1片　　　　甜麵醬…適量
紅蘿蔔…20克

做法

1 黑米提前隔夜浸泡，泡好後連泡米水一同放入破壁機中，攪打成米糊。

2 把米糊和麵粉混合攪拌，加少許清水，調成細膩的黑米糊。

3 香葱、芫茜洗淨，去根，切碎；紅蘿蔔洗淨、去皮，青瓜洗淨，分別切絲；吐司片切成條。

4 無煙鍋加熱，不放油，放入吐司條烤乾盛出。

5 無煙鍋加熱，塗抹一層橄欖油，倒入黑米糊，攤成薄餅，再磕入雞蛋攤平。

6 待黑米煎餅上層凝結後翻面，刷一層甜麵醬，鋪上生菜葉，放入吐司條，再排上紅蘿蔔絲和青瓜絲。

7 最後均勻地撒入香葱碎和芫茜碎，捲起即可。

特色

吐司片代替油條，吃起來沒有油膩感，反而多了一分柔軟。黑米粉與麵粉混合，顛覆了以往煎餅的外觀，黝黑的「外衣」，透露出健康與營養。

 烹飪竅門

1 用吐司條代替油條或者薄脆，可以減少油脂的攝入。
2 全程小火，避免溫度過高產生油煙和糊鍋。

香脆又美味
快手百變吐司條

⏰ 40分鐘　　無煙無油方案
🍽 簡單　　　無煙無油烹飪工具

營養貼士

牛油果含維他命E及胡蘿蔔素，其果肉又容易被吸收，有良好的護膚、防曬的作用。果蔬和混合堅果碎營養豐富，含有多種維他命和微量元素，能為身體提供更多的營養。

主料

吐司…2片

輔料

牛油果…半個　　　　草莓…1顆
紅蘿蔔…20克　　　　奇異果…半個
南瓜…20克　　　　　藍莓…5顆
紫薯…10克　　　　　白砂糖…2茶匙
山藥…10克　　　　　鹽…少許
混合堅果碎…5克　　　蜂蜜…適量

做法

1 紅蘿蔔、南瓜、紫薯、山藥分別洗淨，去皮，放在不同的小碗中，上鍋蒸熟。

2 牛油果去皮，去核，放在小碗中；草莓洗淨，去蒂，對半切開；奇異果去皮，用造型刀切成漂亮的形狀；藍莓洗淨，對半切開。

3 牛油果、紅蘿蔔、南瓜、紫薯、山藥中分別加入2克白砂糖和少許鹽搗成泥。

4 2片吐司疊加在一起，縱向切四刀，成八份吐司條。

5 把吐司條放入微波爐中高火力轉1分鐘，取出後在不同的吐司條分別塗抹上五種果蔬泥，隨意造型擺放。

6 上面再撒上少許混合堅果碎、水果，再均勻淋入蜂蜜即可。

🍲 烹飪竅門

1 把點綴的水果換成現成的果蔬乾也不錯，用起來更方便。

2 可以根據自己的喜好隨意調換蔬菜和水果，不上鍋蒸，用料理機打泥也可以。

特色

有時候吃一大片吐司會覺得
影響吃相，所以發明了百變
吐司條，先切得細長小巧，
再放上多種食材，小小的身
軀容納着豐富的果蔬及堅果，
吃着十分優雅。

綿軟香甜

巧克力抹茶蒸蛋糕

⏱ 1小時30分鐘
🍽 高級

無煙無油方案
蒸的料理方式

營養貼士

雞蛋富含 DHA、卵磷脂和維他命，能健腦益智，提高大腦記憶力，也是促進青少年生長發育的理想食物。

主料
麵粉…80克

輔料
抹茶粉…3克
可可粉…3克
雞蛋…3個

白砂糖…5克
酵母粉…3克
牛奶…100毫升

做法

1 把雞蛋的蛋黃、蛋白分離，蛋黃中加入一半白糖，再倒入牛奶，打散成牛奶蛋黃液。

2 蛋白中加入剩餘白砂糖，用打發器打至蛋白呈硬性發泡狀態，有點像奶油的質地。

3 打發的蛋白糊分三次加入牛奶蛋黃液中，每次用矽膠鏟翻拌均勻，再加入酵母粉繼續翻拌至完全化開。

4 將混合的蛋黃蛋白糊分成均等兩份，放入不同的容器中，麵粉過篩，分半加入容器中。

5 再分別向容器中加入抹茶粉和可可粉，分別翻拌至無顆粒狀，成抹茶麵糊和可可麵糊。

6 取一個大小適合的蛋糕模具，一匙抹茶麵糊一匙可可麵糊交叉倒入蛋糕模具中，再用比較細的竹籤順時針稍微攪拌一下。

7 蓋好保鮮膜，放入已燒開水的蒸鍋中蒸25分鐘即可。

特色

抹茶味、可可味，難捨難分，都喜歡吃怎麼辦？做一個混合的蛋糕如何？混合兩種口味，綿軟香甜，滿足你的多重喜好，趕快做起來吧！

 烹飪竅門

1 麵糊倒入蛋糕模具時，要從高處倒下，可以去掉部分氣泡。
2 蛋糕要完全晾涼後再脫模，待蛋糕自然冷卻後放入冰箱冷藏1小時更容易脫模。
3 用竹籤攪拌麵糊時不要過度攪拌，否則花式紋路就會消失。

清鮮素雅、味香誘人

素燒鵝

⏰ 25分鐘
🍽 簡單

無煙無油方案

無煙無油烹飪工具

營養貼士

乾腐皮含有多種礦物質元素，其中鈣元素比較豐富，能有效補充鈣質，防止骨質疏鬆，促進骨骼發育。

主料

乾腐皮…6張

輔料

金針菇…40克	生抽…2湯匙	香葱…1棵
乾木耳…3克	蠔油…1湯匙	鹽…適量
紅蘿蔔…50克	米醋…1湯匙	
青筍…60克	白芝麻…1克	

做法

1 乾木耳提前泡在清水中，泡發洗淨後掐掉根部，再切絲。

2 金針菇洗淨，切掉根部，撕成小縷；紅蘿蔔、青筍去皮，洗淨，切絲；香葱洗淨，去根，切碎。

3 將木耳絲、金針菇、紅蘿蔔絲、青筍絲放入開水中焯燙2分鐘，撈出瀝乾水分。

4 在幾種蔬菜中加入生抽、蠔油、米醋、白芝麻、適量鹽、香葱碎拌勻成餡料。

5 取一張乾腐皮，加入適量的餡料，自下而上，像捲春卷那樣捲成素燒鵝。

6 將捲好的素燒鵝放入微波爐中，調中火力轉3分鐘，享用前切段即可。

🍲 烹飪竅門

1 可以用空氣炸鍋代替微波爐。

2 將日常油煎方式改用無油烹飪工具料理，減少油煙和用油量。

特色

簡單的幾種素食也能做出肉食的味道。素燒鵝外皮香嫩鮮軟，裏面清脆爽口，吃起來健康無負擔，想吃就吃。

氣味清香

虎皮青椒

⏱ 20分鐘
🍽 簡單

無煙少油方案
無煙少油烹飪工具
刷油代替倒油

營養貼士

青尖椒含有抗氧化物質辣椒素，能刺激唾液和胃液的分泌，增進食欲，還能防止體內脂肪積存，有助於降脂減肥。

主料

青尖椒…4隻

輔料

生抽…1湯匙	米醋…1/2茶匙	香葱…1棵
料酒…1湯匙	澱粉…1/2茶匙	橄欖油…少許
蠔油…2湯匙	蒜…4瓣	鹽…適量
白糖…1/2茶匙	薑…2克	

做法

1 青椒洗淨、去蒂，用刀挖掉籽；蒜、薑去皮，切末；香葱洗淨，去根，切碎。

2 青椒擺入盤中，放入微波爐中火轉5分鐘，至表皮出皺。

3 將生抽、料酒、蠔油、白糖、米醋、適量鹽混合調成料汁。

4 澱粉加適量清水調成澱粉水。

5 無煙鍋加熱，刷一層橄欖油，下入蒜末、薑末、香葱碎爆香。

6 放入青椒，煎至青椒表皮微微變焦，倒入料汁和澱粉水炒勻，大火收汁即可。

🍲 烹飪竅門

在微波青椒時要時刻關注表皮的變化，避免溫度高和時間長導致表皮焦糊。

特色

這是一道再熟悉不過的家
常菜，改變原來油煎的方
式，先用微波爐烘至表皮
起皺，再刷少許油煎製，
勾芡調味，成品口感鮮辣，
綿而不爛。

顏值與美味並存

紅汁蕎麥麵

⏰ 25分鐘
🍚 簡單

無煙無油方案
無煙無油烹飪工具
煮拌的料理方式

營養貼士

蕎麥麵中含有賴氨酸和膳食纖維，能降低人體對碳水化合物的吸收速度和腸道的消化速度，起到降低血脂、血糖的作用。

主料

蕎麥麵⋯130克

輔料

紅菜頭⋯80克
紅心火龍果⋯60克
生抽⋯2湯匙
蠔油⋯2湯匙
檸檬汁⋯2克

胡椒粉⋯1克
香葱⋯1棵
海苔⋯1片
鹽⋯適量

做法

1 紅菜頭和紅心火龍果分別去皮，切塊，放入料理機中，打成紅汁糊；香葱洗淨，去根，切碎；海苔搗碎。

2 蕎麥麵放入開水中，加少許鹽，大火煮熟，再過涼水，瀝乾水分。

3 將紅汁糊倒入無煙鍋中，加入生抽、蠔油、檸檬汁、胡椒粉、適量鹽，開中火熬煮濃稠。

4 把炒好的濃汁倒在蕎麥麵上。

5 再撒入香葱碎和海苔碎，拌勻即可。

 烹飪竅門

蕎麥麵開鍋即熟，不要煮太久。

特色

色澤看着誘人，吃一口，征
服你的不是顏值而是美味。
這碗麵甜中帶香、鮮滑爽
口，一邊吃一遍吸溜，嘴
巴一點都不寂寞。

與眾不同的味道

吞拿魚全麥三文治

⏱ 25分鐘
🍽 簡單

營養貼士

吞拿魚中含有豐富的DHA，有助於提高大腦機能，增強記憶力，是優質的健腦保健食材，與蔬菜一起食用，味道更佳。

主料

全麥吐司片…4片
水浸吞拿魚罐頭…60克

輔料

番茄…20克	雞蛋…2個	果醬…2湯匙
西生菜…20克	黑胡椒粉…少許	鹽…適量
酸青瓜…6片	蜂蜜…1湯匙	

做法

1 番茄洗淨，切成厚約2毫米的片；西生菜洗淨，切細絲。

2 全麥吐司片去掉四周硬邊；吞拿魚罐頭搗成泥。

3 三文治機提前預熱，熱好後在下烤盤兩邊各打入一個雞蛋。

4 在雞蛋表層撒入黑胡椒粉和少許鹽，再蓋好上烤盤，等待其自動烤熟。

5 掀開上烤盤，取出烤好的雞蛋，放在一旁待用。

6 在兩片吐司表面刷一層蜂蜜，再分別塗抹20克吞拿魚泥，放入三文治機下烤盤中，左右各一片。

7 在吞拿魚泥上依次鋪好雞蛋、番茄片、西生菜絲、酸青瓜片，再淋入果醬。

8 將另外兩片吐司分別蓋在上面，蓋好三文治機上烤盤，等待其自然烤好即可。

特色

選取肉質細嫩的吞拿魚罐頭，夾在全麥吐司片中間，再搭配蔬菜和雞蛋，不要高油脂的醬料，採用香甜的蜂蜜和果醬，鹹甜適宜，滋味美妙。

烹飪竅門

吞拿魚罐頭要選水浸的，油脂會少一些。

越經典越好吃

椒鹽蝦

40分鐘
中級

無煙少油方案
無煙少油烹飪工
具刷油代替倒油

主料
鮮蝦300克

輔料
胡椒粉1克 | 料酒3湯匙 |
澱粉1/2茶匙 | 紅米椒2隻
| 青米椒2隻 | 芹菜莖20
克 | 蒜頭4瓣 | 混合椒鹽
1茶匙 | 橄欖油少許

做法

1 鮮蝦去掉沙線，洗淨後加料酒和胡椒粉醃製20分鐘。

2 青紅米椒分別洗淨，去蒂、去籽、切末；芹菜莖洗淨，
切末；蒜頭去皮，切末。

3 醃好的蝦用廚房紙吸乾水分，然後裹滿澱粉，依次擺入
空氣炸鍋的炸籃內。

4 空氣炸鍋設置180℃炸2分鐘，取出翻面，再放進去炸
2分鐘。

5 無煙鍋加熱，刷一層橄欖油，下入青紅米椒末、芹菜莖
末、蒜末炒香。

6 隨後放入炸好的蝦，撒入混合椒鹽，炒勻即可。

特色
做椒鹽蝦這麼容易？先
在無油烹飪工具中炸至
酥脆，再放入無煙鍋中
與蔬菜混合炒勻爆香，
撒點椒鹽調味，鮮香酥
脆，操作簡單又好吃。

營養貼士
蝦含有維他命A和維
他命B雜，有助於保
護眼睛，消除疲勞，增
強體力 提高身體機能。

烹飪竅門

蝦要炸乾水分才酥脆。

第四章

無鹽少鹽
無糖低糖派

鮮嫩又清潤
西蘭花排骨湯

 1小時30分鐘
簡單

少鹽無油方案
集中放鹽
減油低脂食材

營養貼士
西蘭花不僅含維他命種類多，葉酸含量也很豐富，特別適合孕婦食用。紅蘿蔔與排骨煲湯，味道鮮美，營養加倍。

主料
豬排骨…250克　　　　西蘭花…200克

輔料
紅蘿蔔…半條　　　　薑…3克
料酒…3湯匙　　　　鹽…適量

做法
1 豬排骨洗淨，斬小塊，放入開水中汆煮3分鐘，撈出沖去血沫，瀝乾水分。
2 西蘭花洗淨，切小朵；紅蘿蔔洗淨，去皮，切滾刀塊。
3 薑去皮，切成厚約2毫米的片。
4 將豬排骨塊、紅蘿蔔塊、薑一同放入砂鍋中，倒入料酒，大火煮開後轉小火煲1小時。
5 再放入西蘭花，小火繼續煮20分鐘。
6 關火前，撒入適量鹽調味即可。

烹飪竅門
西蘭花要後放入鍋中，煮得太久營養容易流失。

特色
青翠的西蘭花與紅潤的紅
蘿蔔搭配在一起，以視覺
衝擊刺激食欲。但沒有肉
還是會缺少感覺，於是有
了這道湯的誕生，讓你的
舌尖享受鮮嫩與清潤的撞
擊吧！

讚不絕口

腐乳豬蹄

 1小時 簡單

無鹽無油方案
借調味品提味
焯水去油

營養貼士

豬蹄含有豐富的膠原蛋白，經常食用有助於增強皮膚的彈性，延緩衰老。

主料

豬蹄…1隻
腐乳…1塊

腐乳汁…30克

輔料

乾黃豆…20克　　八角…2顆　　　薑…3克
生抽…3湯匙　　　香葉…2片　　　香葱…3棵
老抽…1湯匙　　　桂皮…5克　　　蒜頭…3瓣
料酒…3湯匙　　　乾辣椒…2隻
冰糖…20克　　　白芝麻…1克

做法

1 乾黃豆洗淨，提前放入清水中浸泡一夜。
2 豬蹄切小塊，放入開水中汆燙出血沫，撈出後沖淨。
3 薑去皮、切片；香葱洗淨、去根、打結；蒜頭去皮。
4 腐乳塊搗碎，和腐乳汁混合一起。
5 撈出黃豆，同豬蹄塊放入電壓力鍋中，加入冰糖、八角、香葉、桂皮、乾辣椒、薑片、香葱結、蒜。
6 再淋入生抽、老抽和料酒，倒入腐乳汁，啟動電壓力鍋的蹄類模式，待其自動烹熟。
7 盛出豬蹄後，均勻地撒入白芝麻調味即可。

特色

光看着就覺得夠香了。普通的豬蹄與醇香的腐乳一經結合，立刻變得不平凡。色澤紅亮，吃起來香滑濃郁，口口生香。

 烹飪竅門

1 用腐乳塊和腐乳汁調味，可減少用鹽量。

2 豬蹄焯水去油，不用倒油翻炒，直接放在電壓力鍋中燉煮，可以省略用油。

爽滑彈牙

藕渣肉皮凍

⏱ 2小時
🔔 中級

無鹽無油方案
借調味品提味
去除食物油脂

營養貼士

蓮藕微甜清脆，富含鐵、鈣等礦物質，有助於促進身體的新陳代謝，增強抵抗力，防止皮膚乾燥。

主料

豬肉皮⋯350克　　　　　蓮藕⋯100克

輔料

大蔥⋯60克	老抽⋯1湯匙	芫茜⋯1棵
薑⋯5克	料酒⋯5湯匙	桂皮⋯5克
八角⋯3顆	米醋⋯1湯匙	香葉⋯2片
生抽⋯5湯匙	小米椒⋯1隻	花椒⋯5克

1

2

3

4

5

6

7

做法

1 豬肉皮洗淨，鍋中加適量清水，倒入2湯匙料酒，放入豬肉皮，大火煮開10分鐘，撈出，沖去浮沫，切成細絲。

2 蓮藕洗淨，去皮，切塊，放入料理機中打碎；大蔥去皮、切段；薑去皮、切片。

3 將八角、桂皮、香葉、花椒放在調味盒中，與豬肉皮絲、大蔥段、薑片一同放入鍋中。

4 倒入3湯匙生抽、老抽、剩餘料酒，加適量清水，大火煮開，轉小火慢燉1小時。

5 隨後加入蓮藕碎，繼續燉煮20分鐘，撈出調味盒和蔥段、薑片，再倒入保鮮盒內，待其自然涼透，放入冰箱冷藏3小時。

6 小米椒洗淨、去蒂、切圈，芫茜洗淨、去根、切碎，和剩餘的生抽、米醋混合調成料汁。

7 將凝固好的藕渣肉皮凍切塊，蘸着料汁吃即可。

特色

單獨的肉皮凍吃起來會稍微有點膩，這個做法是加點新鮮的藕碎在裏面，口感上多了分清脆，而且藕中含有膳食纖維，還可以減少油脂的攝入，即使多吃一點也不用擔心發胖。

🍲 烹飪竅門

豬肉皮焯水後要反復沖洗，油脂要徹底刮淨，才能去除腥味和減少油分。

安心又濃香
自製麻辣香腸

 1小時
簡單

無鹽無油方案
借調味品提味
蒸的料理方式

營養貼士
豬後臀尖含有豐富的蛋白質和鐵、鈣、磷等礦物質，能為身體提供充足的能量，還有補虛強身、豐肌澤膚的作用。

主料
豬後臀尖…1500克

輔料
豬腸衣…2米
麻辣香腸調味料…100克

做法

1 豬後臀尖洗淨，切薄片，瀝乾水分，放入麻辣香腸調味料，攪拌均勻，醃製20分鐘。

2 豬腸衣洗淨表層鹽分，用流水沖淨豬腸衣內部油脂和雜質。

3 將豬腸衣套在灌腸套筒上，把醃好的豬肉放在進料口，手搖手柄，將豬肉灌進豬腸衣內。

4 在灌好的香腸上用牙籤紮點洞，放在陰涼處風乾，吃時蒸熟即可。

🍲 烹飪竅門

在灌腸時用麻繩繫成一節一節的，方便食用，吃不完的香腸要放在冰箱冷凍。

特色

在香腸面前毫無自製力，
更何況是麻辣味的，重要
的是自己動手來做，付出
與回報一定是成正比的，
蒸出來的香腸麻辣下飯、
風味甚佳、回味無窮。

別有一番風味
紅蘿蔔三文魚餛飩

🕐 1小時
🍽 中級

無鹽無油方案
借調味品提味菜
多肉少

營養貼士
三文魚中富含不飽和脂肪酸，適合血糖高、血壓高的人群食用，還含有豐富的蛋白質，有助於提高免疫力，促進身體發育。

主料
餛飩皮…150克　　　　紅蘿蔔…100克
三文魚…200克

輔料
高湯塊…4克　　　　　黑胡椒粉…2克
澱粉…1/2茶匙　　　　檸檬汁…3毫升
生抽…2湯匙　　　　　香葱…1棵
料酒…2湯匙　　　　　海米皮…3克
蠔油…3湯匙

做法
1 紅蘿蔔洗淨，去皮，切塊；三文魚洗淨，用吸油紙吸取表層油分，切塊。
2 高湯塊加適量清水溶化成調味汁。
3 將三文魚塊、紅蘿蔔塊一同放入破壁機中，倒入調味汁、生抽、料酒、檸檬汁。
4 隨後加入澱粉、蠔油、黑胡椒粉，攪打成泥糊，作為餡料。
5 取適量餡料放入餛飩皮中，包成餛飩。
6 鍋中燒開水，放入海米皮，下入紅蘿蔔三文魚餛飩煮熟，撒入香葱碎調味即可。

🍲 烹飪竅門
1 三文魚油脂稍多，但營養價值非常高，可以多放一些紅蘿蔔，減少三文魚的用量。
2 調味時不用放鹽，蠔油、生抽、高湯塊、海米皮都有鹹味，借助調味品可以減少鹽分攝入。

特色

知道你愛吃三文魚，但總是生吃未免單調，不如試試和紅蘿蔔包餛飩吧！紅蘿蔔的香氣混合在細嫩的三文魚肉中，絕對會贏得你的喜愛。

獨一無二、汁香肉美
聖女果烤雞翼

⏰ 1小時30分鐘
🍽 中級

營養貼士
聖女果含多種維他命，其特有的茄紅素能延緩皮膚衰老，增強肌膚彈性，是一種美容蔬果。

主料
聖女果（小番茄）…300克
雞中翼…6隻

輔料
生抽…2湯匙　　胡椒粉…1克　　　鹽…適量
料酒…2湯匙　　蜂蜜…3湯匙
檸檬汁…2毫升　辣椒粉…3克

做法
1 取1/3的聖女果洗淨，放在料理機中打成汁。
2 雞中翼洗淨，在兩面各劃三刀，加入聖女果汁、生抽、料酒、胡椒粉、少許鹽攪勻，放入冰箱冷藏醃製3小時。
3 剩餘的聖女果洗淨，切半。
4 檸檬汁、蜂蜜、辣椒粉混合調成醬汁。
5 錫紙鋪在烤盤上，取一半的聖女果鋪滿一層，再擺好雞中翼，刷一層醬汁。
6 放入烤箱，設置溫度200℃上下火烤20分鐘，取出翻面。
7 再刷一層醬汁，將剩餘的聖女果鋪在雞中翼上，推回烤箱，200℃上下火繼續烤30分鐘即可。

 烹飪竅門

借用聖女果的酸味刺激味蕾，增進食欲，可以減少用鹽量。

特色

先將雞中翼用聖女果汁及
其他調味品醃製入味，再
放入烤箱高溫烘烤，雞中
翼焦香的外皮把聖女果的
湯汁緊緊鎖在肉中，鮮嫩
彈牙，讓你欲罷不能。

自家做，放心吃

健康牛肉鬆

⏱ 2小時
🍲 中級

營養貼士

牛裏脊肉低脂肪高蛋白，所含的氨基酸比較全面，也易被吸收，有助於強健身體，滋補暖胃。

主料

牛裏脊肉…400克

輔料

生抽…3湯匙	薑…3克	八角…2顆
料酒…3湯匙	桂皮…5克	陳皮…3克
大葱…50克	香葉…2片	鹽…少許

做法

1. 牛裏脊肉洗淨，切小塊，放入開水中氽煮3分鐘，沖去浮沫，瀝乾水分。
2. 大葱去皮、切段；薑去皮、切片。
3. 將牛裏脊塊、生抽、料酒、大葱、薑片、桂皮、香葉、八角、陳皮放入電壓力鍋內，調肉類模式，啟動至壓煮熟。
4. 撈出牛裏脊塊，控乾水分，撕成小縷。
5. 不黏鍋加熱，不放油，加入牛肉縷不斷翻炒，炒乾水分。
6. 炒好的牛肉縷放入破壁機中，加少許鹽，調中速和低速交替打成蓉狀即可。

🍲 烹飪竅門

燉牛裏脊時，添加調味料可以提香，減少用鹽，甚至不放鹽也可以，但存放時間會縮短。

特色

燉好的牛肉塊撕成小縷，放在鍋中炒乾時刺啦作響，香氣四溢，好聽又好聞。再攪打成細膩的肉蓉，直接拌飯或做甜點，味美可口，好評如潮。

換種口味也不錯

黃桃餡餅

⏱ 1小時
🔔 中級

無糖無油方案
借調味品提味少油烹飪工具

主料
黃桃2個 ｜ 麵粉150克

輔料
牛油果半個 ｜ 雞蛋1個 ｜
牛奶100毫升 ｜ 蜂蜜適量

特色
只要幾個黃桃和一塊麵糰就能做出甜口餡餅，做法與普通餡餅無異，主要把邊緣捏緊，避免溢出湯汁。以後甜餡餅不用再局限於紅糖餡了，即使不是黃桃的，換成自己喜歡的水果也能做出香甜可口的餡餅。

營養貼士
黃桃的營養十分豐富，含有維他命C和膳食纖維，能對抗衰老，美白肌膚，還有助於清腸通便，深受女性及老人的喜愛。

做法
1 麵粉中磕入雞蛋，倒入牛奶，混合揉成光滑的麵糰，裹上保鮮膜，靜置30分鐘。
2 黃桃、牛油果分別去皮，去核，切碎，加入少許蜂蜜，攪拌成餡料。
3 麵糰分成等量的小劑子，擀成直徑約15厘米的麵皮。
4 取適量餡料放入麵皮中，像包包子那樣捏合邊緣收口，再用擀麵杖在有褶皺的一面輕輕擀成圓形餡餅。
5 在烤盤表層墊上錫紙，依次擺入黃桃餡餅，推入烤箱，設置180℃上下火烤15分鐘即可。

1

2

3

4

5

🥄 烹飪竅門
1 在擀餡餅的時候動作要輕，避免破損。
2 放少許蜂蜜來調味，避免使用過多蔗糖。
3 如果餡料湯汁太多，可以加適量澱粉來增加黏稠度。

甜品新口味
酸奶果仁南瓜泥

 30分鐘
簡單

無糖無油方案
利用食材本味
蒸的料理方式

主料
南瓜300克

輔料
混合果仁10克
酸奶50毫升

特色
食材都很常見。把蒸熟
的南瓜搗成細膩的泥，
和果仁酸奶混合即可，
甜而不膩，口感醇厚，
常溫、冷藏都好吃。

做法
1 南瓜洗淨，去皮，切塊，放入蒸鍋中蒸熟。
2 將南瓜搗成泥，放入盤中，可以擺成自己喜歡的造型。
3 混合果仁搗碎，撒在南瓜泥上。
4 再均勻地淋入酸奶即可。

營養貼士
南瓜含有多種氨基酸
和維他命，能有效維
持身體各項機能的正
常運轉。酸奶含有乳
酸菌，能維護腸道菌
群的平衡。

1

2

3

4

烹飪竅門

1 蒸熟的南瓜也可以放
在破壁機中打成泥糊狀。
2 利用南瓜和酸奶的本味
來調味，避免使用蔗糖。

宴客小甜點
南瓜芝麻餅

 1小時
中級

無糖少油方案
利用食材本味
刷油代替倒油

營養貼士
白芝麻富含維他命 E，能有效對抗自由基，延緩衰老，還有助於皮膚白皙潤澤，細膩光滑。

主料
南瓜…200克　　　糯米粉…100克

輔料
麵粉…30克　　　牛奶…100毫升
白芝麻…5克　　　橄欖油…少許

做法
1 南瓜洗淨，去皮，切小塊，放入蒸鍋中蒸熟，搗成泥。
2 糯米粉、麵粉混合，加入牛奶、南瓜泥，混合揉成光滑的麵糰。
3 將南瓜麵糰分成等量的小劑子。
4 每個小劑子揉成圓球，再按壓成南瓜小圓餅。
5 在南瓜小圓餅的兩面均蘸滿白芝麻。
6 不黏鍋加熱，刷一層橄欖油，放入南瓜芝麻餅，小火烘至兩面熟透即可。

烹飪竅門
1 加入牛奶時要邊倒邊和麵，避免牛奶倒得過多而使麵糰發黏。
2 南瓜和牛奶都有甜味，用食物本身的甜味代替加糖。

特色

軟糯香甜的南瓜餅外層包裹着一層濃香的白芝麻，色澤金黃，奶香濃郁，好吃不黏牙，老少皆宜。

值得每一天喝一杯

玫瑰花生豆漿

⏱ 20分鐘
🍽 簡單

無糖無油方案
利用食材本味
無油烹飪工具

主料
乾黃豆35克｜乾玫瑰花8克

輔料
花生仁10克｜即食燕麥5克
｜紅棗肉5克｜枸杞子20粒

特色
這是一款無須加糖的香甜豆漿。因為乾玫瑰花、花生仁的加入，口感清香甘甜，滑潤細膩，每個清晨來一杯，頓時充滿無限活力。

做法
1 乾黃豆、花生仁洗淨，提前浸泡在清水中。
2 乾玫瑰花、紅棗肉、枸杞子分別洗淨，瀝乾水分。
3 將所有食材一同放入豆漿機中，加入適量清水，啟動豆漿機打成豆漿。
4 將打好的玫瑰花生豆漿過濾一下豆渣即可。

營養貼士
黃豆含有大豆異黃酮，大豆異黃酮又稱植物雌激素，能夠延緩女性衰老、改善更年期症狀，對因激素減退而導致的血脂升高、骨質疏鬆等，有一定的預防作用。

🍲 **烹飪竅門**

乾玫瑰花味道濃郁，紅棗肉和枸杞子都有甜味，有助於刺激味蕾，借用食物本身的甜味可免去加糖。

高人氣的鍋底
豆乳鍋

 30分鐘
🍽 簡單

無鹽無油方案
調味品提味
無油烹飪工具

主料
乾黃豆80克
乾黑豆20克

輔料
高湯塊8克｜牛奶200毫升
｜味噌醬3湯匙

特色
濃香的豆乳鍋即便只煮
一根菜也會吸飽醇醇的
豆香，是火鍋店點擊率
超高的鍋底，營養又健
康，煮出來的食材搭配
什麼蘸料都很香。

做法
1 乾黃豆、乾黑豆分別洗淨，浸泡在清水中。
2 黃豆和黑豆放入豆漿機中，倒入1500毫升清水，啟動
　豆漿機打成豆漿。
3 打好的豆漿過濾一下豆渣，倒入湯鍋。
4 向湯鍋中倒入牛奶，放入高湯塊和味噌醬，再倒入少許
　清水，大火煮開即可。

營養貼士
黑豆屬高纖維、高蛋
白、低熱量的食物，所
含不飽和脂肪酸有助於
促進體內膽固醇的代
謝，還能降低血脂。

烹飪竅門

1 要向豆漿中加少許清
水再熬成湯汁，否則容
易黏底。
2 煮好的豆乳鍋再加入
蔥薑蒜，就可以涮菜、
涮肉了。

中式傳統小吃
香辣小豆花

⏱ 1小時
🔔 高級

無鹽無油方案
辣補鹽味、添加鹹味
食材、無油烹飪工具

營養貼士
黃豆中含有大豆皂苷，其具有抗氧化作用，能清除體內自由基，可抑制腫瘤細胞的生長和繁殖。

主料
乾黃豆…100克

輔料
內酯…2克	海米皮…10克	芫茜…1棵
生抽…2湯匙	薑…1克	白芝麻…1克
米醋…1湯匙	辣椒粉…3克	
酥黃豆…10克	榨菜…2克	

1

2

3

4

5

6

7

做法
1 乾黃豆洗淨，提前浸泡在清水中，撈出黃豆，放入豆漿機內，加適量清水，打成濃稠豆漿。

2 打好的豆漿過濾一下豆渣，裝在玻璃容器中，靜置使豆漿溫度降至80℃。

3 內酯加25毫升的涼開水，化開，倒入豆漿中攪拌均勻。

4 放在蒸鍋上，蓋好鍋蓋，中小火上蒸汽蒸5分鐘，關火，打開蓋，繼續靜置至豆漿凝固形成豆花。

5 薑去皮、切末；芫茜洗淨、去根、切末；榨菜過一遍清水，切碎。

6 將生抽、米醋、海米皮、薑末、辣椒粉、白芝麻調成料汁。

7 取適量豆花，澆入料汁，撒入酥黃豆、榨菜碎和芫茜碎拌勻即可。

特色

這道菜也可以理解為鹹口香辣味的豆腐腦，配一根油條，簡直是黃金早餐。以後不用在早餐攤吃了，在家裏也能享受到。

烹飪竅門

1 打豆漿時要少加水，做豆花需要濃稠的豆漿，可以根據豆漿機中的刻度和經驗來調整用水量。

2 要撇掉豆漿表層的浮沫和氣泡，這樣做出來的豆花更細膩。

3 辣椒粉可以刺激味蕾、增進食欲，海米皮與榨菜都有鹹味，可以不放鹽。

豆腐控的專屬福利

鹹蛋黃嫩豆腐

⏰ 25分鐘
🍽 簡單

少鹽少油方案
添加鹹味食材
刷油代替倒油

營養貼士

豆腐富含卵磷脂，它可以激活腦神經細胞的傳導功能，增強記憶力，預防老年癡呆。卵磷脂還可以防止肝臟內脂肪沉積，有效防止因肥胖而引起的脂肪肝。

主料

盒裝嫩豆腐⋯1盒

輔料

生鹹鴨蛋黃⋯2個　　　香葱⋯1棵
高湯塊⋯8克　　　　　薑⋯2克
胡椒粉⋯1克　　　　　澱粉⋯1/2茶匙
料酒⋯3湯匙　　　　　橄欖油⋯少許
生抽⋯3湯匙　　　　　鹽⋯適量

1

2

3

4

5

6

7

做法

1 取出盒裝嫩豆腐，切成2厘米見方的塊，倒入開水鍋中，加適量鹽氽煮2分鐘，撈出瀝乾水分。

2 生鹹蛋黃倒入料酒，上鍋蒸12分鐘至熟，再搗成鹹蛋黃碎。

3 薑去皮、切末；香葱洗淨、去根、切碎。

4 高湯塊加入適量開水，溶化成高湯；澱粉加適量清水，調成澱粉水。

5 不黏鍋加熱，塗抹一層橄欖油，下入鹹蛋黃碎，小火煸炒至出現細泡沫。

6 再放入嫩豆腐塊，輕輕翻動使其裹滿蛋黃沫，倒入高湯，大火煮開，加入生抽、薑末、胡椒粉調味。

7 接着淋入澱粉水勾芡，待湯汁濃稠時撒入香葱碎即可。

🍲 烹飪竅門

氽煮豆腐時加少許鹽，可以防止豆腐碎裂。

特色

來吧！豆腐控！準備幾顆
金黃的鹹蛋黃，蒸熟搗碎，
再團團圍住軟嫩的豆腐，
入口鹹香細膩，鮮軟可口，
一勺一勺挖着吃才過癮。

營養均衡、百喝不膩

堅果枸杞米糊

 20分鐘
簡單

無糖無油方案
利用食材本味
無油烹飪工具

主料
大米80克 | 小米20克

輔料
混合堅果碎10克 | 枸杞子
1小把 | 酸奶30毫升

特色
營養全面的堅果、香甜口感的枸杞子和清香的大米、小米搭配在一起，最後淋入酸奶，細膩潤滑、酸甜開胃，獻給不愛吃飯的小公主與小王子。

做法
1 大米、小米分別淘洗淨，浸泡在清水中10分鐘。
2 撈出大米、小米，放入破壁機中。
3 隨後加入混合堅果碎和枸杞子，啟動破壁機，打成細膩的米糊。
4 最後淋入酸奶拌勻即可。

營養貼士
小米中的維他命 B_1 含量位居所有糧食之首，且含有豐富的碳水化合物，能為人體提供充足的能量和多種營養元素。

1

2

3

4

烹飪竅門
大米和小米提前浸泡一下，口感更細膩潤滑。

視覺口感雙衝擊
菠菜藜麥奶昔

 20分鐘
簡單

無糖無油方案
利用食材本味
無油烹飪工具

主料
菠菜40克 | 藜麥30克

輔料
牛油果半個 | 牛奶80毫升 | 酸奶50毫升

特色
平時喝的都是水果奶昔，這次嘗試的是蔬菜粗糧奶昔，滿口的清香，翠綠的色彩，喝下去渾身清新舒爽。

做法
1 菠菜洗淨、去根、切段，放入開水中焯燙1分鐘撈出。
2 藜麥淘洗淨，放入開水中氽煮12分鐘撈出。
3 牛油果去殼、去核、切小塊。
4 將菠菜段、藜麥、牛油果、牛奶、酸奶一同放入破壁機中，打成細膩糊狀即可。

營養貼士
菠菜含有大量的膳食纖維，能夠降低腸胃對脂肪的吸收速度，還有助於促進消化，預防便秘。

1

2

3

4

烹飪竅門
菠菜和藜麥要提前氽煮熟，這樣沒有生澀味。

爽口解膩

果蔬酸奶沙律

 20分鐘
簡單

無糖無油方案
利用食材本味
拌的料理方式

營養貼士

蘋果有「智慧果」的美稱，其富含鋅元素，能提高智力，增強記憶。香蕉被稱為「快樂食品」，所含的血清素能刺激人的神經系統，帶來愉悅感。

主料

牛油果…1個　　　　　　酸奶…100毫升

輔料

蘋果…25克　　　　　　生菜…1片
香蕉…半條　　　　　　黃圓椒…10克
香梨…20克　　　　　　紅圓椒…10克
聖女果（小番茄）…4顆　苦菊…10克
紫洋蔥…15克　　　　　紅蘿蔔…20克

做法

1 牛油果去殼、去核、切小塊；蘋果、香梨、紅蘿蔔洗淨，去皮，切薄片。

2 香蕉去皮、切片；紫洋蔥去皮、切小塊；聖女果洗淨、切半。

3 生菜洗淨、撕小塊；苦菊洗淨、切段；黃紅圓椒洗淨，去籽，切絲。

4 將所有果蔬隨意地放入盤中，淋入酸奶，拌勻即可。

烹飪竅門

用酸奶代替沙律醬，可減少油脂和糖分的攝入。

特色

繽紛外觀飽眼福，酸甜清脆飽口福！不同顏色及種類的蔬菜，經過刀工的雕琢，擺在盤子中，淋入濃稠的酸奶，低脂健康，爽口解膩！

健康又甜蜜

果蔬醬

⏰ 1小時20分鐘
🍽 簡單

少糖無油方案
利用食材本味、減少
用糖、無油烹飪工具

營養貼士

葡萄中的果酸有助
於健脾舒胃；冬瓜
中的葫蘆巴堿能幫
助減肥降脂；青瓜
中的維他命 B_1 能
強健大腦。多種果
蔬搭配在一起，營
養更均衡。

主料

草莓…200克
葡萄…200克
冬瓜…250克
聖女果（小番茄）…200克

輔料

牛油果…1個
櫻桃蘿蔔…100克
菠蘿…150克
檸檬…2個

青瓜…半條
枸杞子…5克
葡萄乾…5克
冰糖…20克

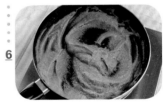

做法

1 葡萄洗淨，去皮，去籽；草莓、聖女果洗淨，瀝乾
水分，切半。

2 牛油果去殼，去核，切塊；冬瓜洗淨，去皮，切塊；
櫻桃蘿蔔、青瓜洗淨，切塊。

3 菠蘿去皮去釘，切塊；檸檬對半切開，擠出檸檬
汁；枸杞子、葡萄乾洗淨，瀝乾水分。

4 將所有的食材放入破壁機中，打成碎渣。

5 打好的果蔬渣倒入不黏鍋中，加冰糖和少許純淨水。

6 開小火熬煮至濃稠，即成果蔬醬。

🍲 烹飪竅門

果蔬不要攪打得太碎，儘
量保留一些果蔬肉。

特色

不需要過多的調味品，只要水果、蔬菜和冰糖，經過中火的熬製變得香甜濃稠。早餐塗抹在吐司上，可以直接吃或者再加片奶酪，搭配一杯果汁，妙哉。

一喝解百渴
桂花烏梅銀耳湯

 50分鐘
簡單

無糖無油方案
利用食材本味
煮的料理方式

主料
乾銀耳…25克
烏梅乾…15顆

輔料
乾桂花…3克

特色
夏日裏熬一鍋酸酸甜甜的湯，清爽解渴，喝一碗能感到無限滿足。做起來也很簡單，乾銀耳泡發，與其他食材一同丟入鍋中，熬煮成濃稠的甜湯即可，用來招待賓客也不錯哦！

做法
1 乾銀耳提前3小時放在清水中泡發，洗淨，掰成小朵。
2 烏梅乾洗淨備用。
3 將銀耳和烏梅乾放入鍋中，加入適量清水，大火煮開後轉小火。
4 煮40分鐘後，加入乾桂花，繼續熬煮5分鐘即可。

營養貼士
銀耳的營養成分相當豐富，含有多種氨基酸和天然植物性膠質，有助於潤澤肌膚、滋補身體、增強免疫力，是一種高級滋補品。

1

2

3

4

 烹飪竅門

銀耳熬至濃稠時再加入乾桂花。

媲美奶茶店

大紅袍奶茶

⏰ 20分鐘
🍽 簡單

少糖無油方案

利用食材本味、減少用糖、煮的烹飪方式

主料
大紅袍茶…15克
牛奶…250毫升

輔料
奶粉10克 ｜ 冰糖10克

特色
不管多少次路過奶茶店，都會被大紅袍奶茶把魂勾去。與其總跑到外面喝，不如自己在家踏踏實實地煮一鍋，經濟實惠不説，還能想喝隨時喝。

營養貼士
牛奶含有豐富的鈣和維他命 A，能促進骨骼的生長，還有助於防止皮膚乾燥、暗沉。

做法
1 用沸水將大紅袍茶沖開，浸泡5分鐘。
2 撈出大紅袍茶葉，留茶湯備用。
3 將茶湯倒入養生壺中，加入牛奶和冰糖，中火煮開至冰糖溶化成奶茶。
4 待奶茶晾至70℃時，加入奶粉拌匀即可。

🍲 烹飪竅門

1 在煮奶茶時要時刻關注，避免滾瀉。
2 不宜過早加入奶粉，否則溫度太高會使奶粉中的營養流失。家中無奶粉的也可以不加。

乾了這杯再走一杯

馬蹄杏仁乳

 30分鐘
簡單

無糖無油方案
無油烹飪工具
借調味品提味

主料
乾杏仁…60克
馬蹄…250克

輔料
牛奶300毫升｜煉乳20克

特色
入口濃稠潤滑，回味清香，嚼起來有種清脆感，可以作為一款自製飲品輕鬆上桌，而且是高顏值哦！下一款網紅飲品誕生了！

做法
1 乾杏仁浸泡在清水中2小時，泡軟後剝去外皮。
2 馬蹄洗淨，去皮，切成小塊。
3 將杏仁、馬蹄塊一同放入破壁機中，倒入牛奶，打成細膩的馬蹄杏仁濃漿。
4 把馬蹄杏仁濃漿濾一下渣，剩餘的湯汁倒入小鍋中。
5 將煉乳擠入鍋中，攪拌均勻，開小火，煮至湯麵微開冒泡，即可關火。

營養貼士
馬蹄清脆可口，含有蛋白質、膳食纖維、維他命等多種營養成分，是一種不可多得的藥食兩用食材。乾杏仁中的脂肪油有促進微循環、美容護膚的作用，還有助於降低體內的膽固醇。

 烹飪竅門

去掉乾杏仁的外皮，做出的飲品會少一些苦澀。

樸實無華、與生俱來
桂花蜂蜜烤番薯

⏱ 55分鐘
🍽 簡單

無糖無油方案
借調味品提味無油烹飪工具

主料
番薯…1個

輔料
乾桂花3克 ｜ 蜂蜜適量

特色
不知道番薯為什麼那麼好吃！本身香甜軟糯，加上蜂蜜和乾桂花的加持，不僅口感得到昇華，顏值也瞬間飆升。你可以挖着吃或是剝皮啃着吃，香氣撲鼻，令人折服。

做法
1 番薯洗淨，對半切開。
2 乾桂花放入適量蜂蜜中，攪拌均勻成桂花蜂蜜。
3 在烤盤上鋪一張錫紙，擺好番薯，放入烤箱中，設置180℃上下火烤35分鐘。
4 取出番薯，在上面刷一層桂花蜂蜜，放回烤箱繼續烤10分鐘。
5 烤好的番薯待涼至60℃時，再塗抹一層桂花蜂蜜即可食用。

營養貼士
番薯又稱地瓜，營養價值頗高，含有多種維他命及礦物質，還含有豐富的膳食纖維，可健胃益氣、滑腸通便。

1

2

3

4

5

 烹飪竅門

番薯的表皮不要去掉，可以鎖住番薯中的水分。

簡單易做、地位顯赫

咖喱馬鈴薯

⏰ 30分鐘
🔔 簡單

無鹽無油方案
借調味品提味
無油烹飪工具

營養貼士

馬鈴薯富含多種礦物質，有助於調節身體的酸城平衡，加強新陳代謝，還有美容養顏、抗衰老的作用。

主料

小馬鈴薯…6顆
紅蘿蔔…半條

輔料

咖喱塊…60克
高湯塊…4克
香葱…1棵

做法

1 小馬鈴薯洗淨，去皮，切滾刀塊；紅蘿蔔洗淨，去皮，切滾刀塊；香葱洗淨，去根，切碎。

2 高湯塊加入適量開水溶化，調成高湯。

3 小馬鈴薯塊和紅蘿蔔塊放入空氣炸鍋的炸籃中，設置180℃炸3分鐘取出。

4 不黏鍋加熱，不放油，放入小馬鈴薯塊、紅蘿蔔塊翻炒2分鐘，隨後下入咖喱塊，倒入高湯。

5 待咖喱塊溶化，開大火燜煮至湯汁濃稠，撒入香葱碎調味即可。

🍲 **烹飪竅門**

馬鈴薯和紅蘿蔔提前放入空氣炸鍋中，可以減少油煸，還能使口感更軟糯。

特色

會做馬鈴薯者得天下。這道菜超簡單,即使是烹飪新手也能手到擒來。先將馬鈴薯炸出水分,再燜煮,馬鈴薯塊裹滿濃濃的咖哩汁,外焦裏嫩,酥糯鮮香。

無煙少油，輕食料理

作者
薩巴廚房

責任編輯
Catherine Tam

美術設計
陳翠賢

排版
何秋雲

出版者
萬里機構出版有限公司
香港鰂魚涌英皇道1065號東達中心1305室
電話：2564 7511　　傳真：2565 5539
電郵：info@wanlibk.com
網址：http://www.wanlibk.com
　　　http://www.facebook.com/wanlibk

發行者
香港聯合書刊物流有限公司
香港新界大埔汀麗路 36 號
中華商務印刷大廈 3 字樓
電話：2150 2100　　傳真：2407 3062
電郵：info@suplogistics.com.hk

承印者
中華商務彩色印刷有限公司
香港新界大埔汀麗路 36 號

出版日期
二零一九年十月第一次印刷